EMERGENCY

防灾避险应急手册

FANGZAI BIXIAN
YINGJI SHOUCE

《防灾避险应急手册》
编写组 主编

山东城市出版传媒集团·济南出版社

图书在版编目（CIP）数据

防灾避险应急手册 /《防灾避险应急手册》编写组主编. —济南：济南出版社，2023.6
ISBN 978-7-5488-5623-8

Ⅰ. ①防… Ⅱ. ①防… Ⅲ. ①防灾－手册 Ⅳ. ①X4-62

中国版本图书馆CIP数据核字(2023)第069675号

FANGZAI BIXIAN YINGJI SHOUCE

出 版 人：田俊林
图书策划：李　岩
责任编辑：任旭东
封面设计：张　金
出版发行：济南出版社
地　　址：济南市市中区二环南路 1 号　250002
邮　　箱：416933204@qq.com
印 刷 者：济南新先锋彩印有限公司
经 销 者：各地新华书店
开　　本：165 mm × 230 mm　1/16
印　　张：8.25
字　　数：85千字
印　　数：1—8 000册
出版时间：2023年6月第1版
印刷时间：2023年6月第1次印刷
书　　号：ISBN 978-7-5488-5623-8
定　　价：39.80元

EMERGENCY

编委会

序 XU

全面提升抵御灾害的能力

我国是历史悠久、文化灿烂的国家，拥有山川壮美、广袤富饶的家园。同时，我国也面临着多种自然灾害的考验与挑战，发生灾害的种类多、频率高、地域广，暴雨、地震、台风等自然灾害给人民群众的生命财产造成重大威胁。由于人民群众防灾避险知识和应急救助技能的不足，往往还会引发一些次生灾害和连带损失。回望漫长的历史进程，中国人民在中国共产党的坚强领导下，万众一心，敢于斗争，创造了战胜灾害的一次又一次壮举，秉持着生命至上、尊重科学的精神，铸就了伟大的精神丰碑，积累了宝贵的抗灾经验，这些都成为防灾避险的不竭动力。

凡事预则立，不预则废。在各类灾害险情面前，必须增强忧患意识、责任意识，坚持以防为主，防、抗、救相结合，常态减灾防灾和非常态减灾救灾相统一的原则,努力实现从注重灾后救助向注重灾前预防、从减少灾害损失向减轻灾害风险转变，全面提升公民抵御自然灾害的能力。因此，不断强化防灾避险意识，切实掌握应急救援本领，显得十分重要而紧迫。为此，我们在专家学者、一线防灾救灾骨干的大力支持下，编撰了这本《防灾避险应急手册》，目的是给广大民众提供一份看了就明白的“掌中宝”，学了就会用的“路线图”。

本书适合城乡居民、学校师生、部队官兵、企业员工、应急救援人员等阅读使用。希望该书的出版发行，能够为防范各类灾害风险、全面提升抵御灾害的能力贡献一份力量。

MULU

目录

迎战暴雨

灾情实录：暴雨袭城

2021年夏，河南省遭遇持续强降雨，暴雨红色预警连发，成为中国的强降雨中心，河南多地进入“看海模式”。7月20日17时，河南省郑州市将防汛Ⅱ级应急响应升至Ⅰ级，达到了应急响应的最高级别。

郑州气象局对这次特大暴雨做了一个数据的梳理和总结：郑州20日16时至17时，一个小时的降雨量达到了201.9毫米；19日20时至20日20时，单日降雨量达552.5毫米；17日20时至20日20时，三天的降雨量达617.1毫米。其中小时降水量、单日降水量均已突破自1951年以来的最高历史记录。

郑州年平均降雨量为640.8毫米，相当于三天下了一年的雨。从气候学的角度来看，是千年一遇的降雨现象。

河南省遭遇的这场极端强降雨，共造成302人遇难，50人失踪。其中省会城市郑州是受灾最严重的地区：共有380人因受灾死亡失踪，直接经济损失达409亿元。

2007年7月18日17时左右，山东省济南市市区遭遇特大暴雨，这次降水过程历时短、强度大。降水从18日17:00到20:30左右，1小时的最大降水量达151毫米，2小时的最大降水量达167.5毫米，3小时的最大降水量达180毫米，均是有气象记录以来的历史最大值。市区主要排洪河道小清河的最大行洪流量是 1987 年“8·26”特大暴雨行洪流量的 1.6 倍。

这次特大暴雨造成 30 多人死亡，170 多人受伤，约 33 万群众受灾，约 1800 间房屋倒塌，约 800 辆车受损，约 1.4 万平方米道路损坏，500 余套井盖冲失，20 多条线路停电，140 多家企业进水受淹，市内交通一度处于瘫痪状态，直接经济损失约 13.2 亿元。

灾情概览：揭开暴雨的面纱

一、暴雨的危害

我国气象学上把24小时降水量为50毫米以上的强降雨称为“暴雨”。按其降水强度可分为三个等级：将 24 小时降水量为 50~99.9 毫米的强降雨称为“暴雨”、100~249.9 毫米的强降雨称为“大暴雨”、250 毫米以上的强降雨称为“特大暴雨”。特大暴雨是一种灾害性天气，往往会造成洪涝灾害和严重的水土流失，还会造成工程失事、堤防溃决和农作物被淹等重大经济损失。特别是对于一些地势低洼、地形闭塞的地区，雨水不能迅速宣泄，造成农田积水和土壤水分过度饱和，会产生更多的灾害。由于各地降水量和地形特点不同，所以各地暴雨的标准也有所不同。

在实践中，又可按照发生和影响范围的大小将暴雨划分为局地暴雨、区域性暴雨、特大范围暴雨。局地暴雨历时仅几个小时或几十个小时，一般会影响几十至几千平方千米，造成的危害较轻，但当降雨强度极大时，也可造成严重的人员伤亡和财产损失。区域性暴雨一般可持续3~7天，影响范围可达 10~20 万平方千米或更大，造成的危害一般，但有时因降雨强度太大，可能造成区域性的严重暴雨洪涝灾害。特大范围暴雨历时最长，一般都是多个地区内连续多次暴雨组合，降雨可持续1~3个月左右，雨带长时间维持。

暴雨预警信号的等级分为四个等级，分别为Ⅳ级（一般）、Ⅲ级（较重）、Ⅱ级（严重）、Ⅰ级（特别严重），分别用蓝色、黄色、橙色、红色图标标识。

二、暴雨的形成

暴雨形成的过程相当复杂，从宏观物理条件来说，产生暴雨的主要物理条件是充足且源源不断的水汽、强盛而持久的气流上升运动和大气层结构的不稳定。大、中、小各种尺度的天气系统和下垫面，特别是地形的有利组合可产生较大的暴雨。在干旱与半干旱的局部地区，热力性雷阵雨也可造成短时、小面积的特大暴雨。

暴雨常常是从积雨云中落下的。形成积雨云的条件是：大气中要含有充足的水汽，并有强烈的上升运动，把水汽迅速向上输送，云内的水滴受上升运动的影响不断增大，直到上升气流托不住时，就急剧地降落到地面。积雨云的体积通常相当庞大，一块块积雨云就是暴雨区中的一个个降水单位，虽然每个单位水平范围只有1~20千米，但它们排列起来，可形成100~200千米宽的雨带。一团团的积雨云就像一座座高山峻岭，强烈发展时，可从距

离地面0.4~1千米的高度一直伸展到10千米以上的高空。越往高空，温度越低，高处温度常达零下十几摄氏度，甚至更低，此时云上部的水滴就会结冰。人们在地面用肉眼看到的云顶丝缕状白带，正是高空的冰晶、雪花飞舞所形成的。人们可能想象不到，地面上是大雨倾盆的夏日，高空却是白雪纷飞的严冬。

在我国，暴雨的水汽一是来自偏南方向的南海或孟加拉湾，二是来自偏东方向的东海或黄海。有时在一次暴雨天气过程中，水汽同时来自东、南两个方向，或者前期以偏南为主，后期又以偏东为主。我国中原地区流传着“东南风，雨祖宗”的俗语，正是降水规律的客观反映。

大气的运动和流水一样，常产生波动或涡旋。当两股来自不同方向或温度、湿度不同的气流相遇时，就会产生波动或涡旋。大的可达几千千米，小的只有几千米。在这些地区，常伴随气流运行出现上升运动，并产生水平方向的水汽迅速向同一地区集中的现象，形成暴雨中心。

另外，地形对暴雨的形成和雨量大小也有影响。例如，由于山脉的存在，在迎风坡，气流被迫上升，从而垂直运动加大，导致暴雨增大；

而在山脉背风坡，气流下沉，雨量会大大减小，有的背风坡的雨量仅是迎风坡的十分之一。在 1963 年 8 月上旬，有一股湿空气从南海输送到华北，这股气流恰与太行山相交，受山脉抬升作用的影响，沿太行山东侧出现了历史上罕见的特大暴雨。

山谷的狭管作用也能使暴雨增强。1975 年 8 月 4 日，河南的一次特大暴雨，其中心林庄，南、北、西三面环山，而向东逐渐形成喇叭口地形。这样的地形，使气流上升速度增大，雨量骤增，8 月 5 日至 7 日，降水量达 1600 多毫米，而距林庄东南不到 40 千米地处平原区的驻马店，在同期内降水量只有 400 多毫米。

三、暴雨的分布

我国是多暴雨的国家，除西北个别省区外，几乎都有暴雨出现。冬季暴雨发生在华南沿海；4~6 月间，华南地区暴雨频频发生；6~7 月间，长江中下游常有持续性暴雨出现，历时长、面积广、降雨量也大；7~8 月是北方各省的主要暴雨季节，暴雨强度很大；8~10 月雨带又逐渐南撤；

夏秋之后，东海和南海台风暴雨十分活跃，台风暴雨的点雨量往往很大。

中国属于季风气候，从晚春到盛夏，北方的冷空气且战且退，冷暖空气频繁交汇，形成一场场暴雨。中国大陆的主要雨带位置也随着季节由南向北推移。华南（两广、闽、台）是中国暴雨出现最多的地区，4 月至 9 月都是雨季；6 月下半月到 7 月上半月，通常为长江流域的梅雨期，会有暴雨出现；7 月下旬，雨带移至黄河以北；9 月以后，雨带南撤。由于受夏季风的影响，暴雨日及雨量的分布从东南向西北内陆减少，山地多于平原。东南沿海岛屿与沿海地区暴雨日最多，越向西北越少，在西北高原每年平均只有不到一天的暴雨。太行山、大别山、南岭、武夷山等东南面或东面的坡地，都是这些地区的暴雨中心。

灾情应对：暴雨避险有讲究

一、寻找稳固高地

1. 前往地势较高的广场，坚固的多层、高层建筑的安全区域。
2. 在稳固的高处自救或待援。

二、避免进入危险区域

1. 避免在桥梁，尤其是河道的桥梁上避险，因为河道形成的洪涝可能会冲垮桥梁。

2. 避免登上河堤等防汛设施，超强洪水随时可能冲垮或者漫过堤防。

3. 避免进入建筑物的地下部分，以免水灌入地下。

4. 避免进入地铁等设施中。

5. 不要进入地下涵洞、过街隧道等。

6. 不要进入地下人防工程。

7. 不要进入地下商街。

8. 避免靠近老旧建筑物。

9. 远离山坡，暴雨可能会造成次生灾害，如泥石流等。

10. 不要站在树下和树旁，不要靠近广告牌，以防受到意外伤害。

11. 不要站在下坡道上以及汽车后面，水冲下来时，可能会被水冲走或被汽车撞到，非常危险。

三、慎用交通设施

1. 不要开车到处跑。暴雨之下，地面完全被掩盖，无法准确判断积水情况，一旦滑入低地，十分危险。

2. 尽快离开公共交通设施。暴雨之下，公共交通设施也存在危险，无论是公交车、地铁、出租车，还是高铁等都可能中断。地下停运的地铁、低洼地带的公交车，都非常危险，请尽快离开，寻找安全位置。

3. 离开交通工具时，最好集体行动，全车人一起撤离，彼此手拉手，确保无人掉队。

四、远离电力设备

1. 避险过程中一定要远离电力设施。远离高压线、高压电塔、变电器及有供电危险标志的一切物品。

2. 远离电线和绳索状的物品。

3. 远离电闸、配电箱。

4. 不要碰触插座、开关等带电设备。

五、用好通信工具

1. 在户外遇险时，要确保手机电量能支撑到救援人员抵达，确保自己安全后还能和亲友联系，因此需节约用电！为了节省电量，尽量减少和外界联系。

2. 在离开交通工具的时候，可以给亲友发个暴雨消息，要标记好自己的位置、车辆的位置，说明自己撤离的计划，然后迅速撤离。

3. 到达安全位置后，再发一条信息或朋友圈，标记好自己当前的位置并告知身边人员的情况。

4. 如果周围水情已经导致自己无法离开，可以立刻向警方报告自己所处的位置、有多少人、周围水情、紧急通信方式等，然后密切观察，等待救援。

5. 如果周围环境支持你给手机充电，或者你手中有充电宝，应当立即充电，以备使用。

6. 灾情之下，周边电力、通信信号都有可能中断，遇到这类情况不要慌乱，设法和公安部门取得联系，告知你的困难，等待救援。

7. 如果有收音机，可以使用收音机收听政府发布的消息。

六、社区、居家自救及注意事项

1. 暴雨成灾，洪水肆虐，居委会就是离你最近的组织。积极地和居委会取得联系，和自己的楼长、单元长取得联系，快速组建居民自救集体。

2. 低楼层人员应立即做好转移的准备。如果水没有漫进单元，可以利用这个时间做转移的准备，整理需要携带转移的物资。

3. 老弱病幼人员需提前转移。如果可能，请借住到高楼层的邻居家中；如果不便，可以暂时到高楼层过道、楼梯上安顿下来。

4. 有需要使用呼吸机、氧气瓶的人，需及时将维生设备搬运出来，申请接入邻居家的电源上，确保在供电正常的情况下能够正常使用。及

时给备用的氧气袋充气，确保断电后还能够获得紧急的氧气供应。

5. 提前备好老人、儿童和病弱人士使用的必要用品。

6. 断掉家中的电源，避免家中进水导致设备短路和电线短路，引发火灾。

7. 拔掉家用电器的电源线。

8. 关闭各级燃气开关，避免燃气泄漏。

9. 随身携带手机、充电线、充电宝，确保通信设备畅通。

10. 如果有对讲机，请携带好并告知社区人员。这些可能成为特别重要的救援通信设备。

11. 家中如果有便携式收音机，也请带上，这不仅可以确保自己能够获知外界的信息，也能够帮助到邻里乃至社区。

12. 关闭门窗，尽量避免屋内进水。

13. 可以随身携带一些备用的食物，如饼干、方便面等。

14. 如果家中有游泳圈、充气艇、充气床等物品，可带在身边。

15. 可随身携带水果刀、剪刀、创可贴、外用消毒药物、抗生素以及家人日常使用的药物等。

16. 携带打火机。

17. 如果有救助用的绳索之类的物品，一并带好。

18. 在社区的组织下，可以建立一个善于使用工具的团队，制作一些加固或者防水设施。

19. 不要穿拖鞋、凉鞋，更不要光脚，涉水时很容易受伤滑倒。

七、关注公共预警

1. 通过手机短信、网络、电视、广播等手段，及时了解公共预警及动员信息。

2. 关注公共预警对暴雨的时间、强度、可能发生的灾害做出的预告和说明，以及自救指导。

防火灭火

灾情实录：烈火无情

2023 年 4 月 18 日 12 时 57 分，北京市丰台区消防救援支队接到报警，北京长峰医院住院部东楼发生火情。接警后，消防、公安、卫健、应急等部门迅速赶赴现场处置。13 时 33 分，现场明火被扑灭。15 时 30 分，现场救援工作结束，共疏散转移患者 71 人。本次火灾共造成 29 人死亡。北京市消防总队负责人通报了火灾事故原因：事故系医院住院部内部改造施工作业过程中产生的火花引燃现场可燃涂料的挥发物所致。

灾情概览：把握规律求主动

火灾，是指在时间和空间上失去控制的燃烧所造成的灾害。在各种灾害中，火灾是最常见、最普遍的威胁公众安全和社会发展的灾害之一。

一、火灾的危害

1. 毁坏物质财富。火灾能将温馨的家园变成废墟，能使茂密的森林等自然资源化为乌有，能让大量文物、古建筑等历史文化遗产毁于一旦。

2. 直接或间接地残害人类生命。

3. 扰乱社会秩序，造成不良影响。一些伤亡惨重、影响巨大的火灾，会扰乱正常的社会秩序和人们的生产、工作、生活秩序。如果发生在人员密集场所、名胜古迹等地方，还会产生不良的社会影响。

4. 破坏生态平衡。肆虐的火灾总是焚毁森林、侵害自然资源、污染大气和江河湖泊，给人类的生存环境造成巨大的破坏。

二、火灾的特点

火灾通常都有一个从小到大、发展蔓延、逐渐熄灭的过程。一般可分为初起、发展、猛烈和衰减熄灭四个阶段。

火灾处于初起阶段时，是扑救的最好时机，只要发现及时，用很少的人力和灭火器材就能将之扑灭。火灾初起时，一般火势都不会很大，只要掌握了正确的灭火方法，都能及时扑灭，避免小火酿成大灾。

如果初起火灾不能被及时发现和扑灭，就会造成火灾蔓延，甚至会猛烈燃烧，大大增加控制火势发展和扑灭火灾的难度，也会造成更大的财产损失和人员伤亡。

灾情应对：防火灭火巧避险

在人们正常的生产、生活、学习和工作过程中，如果发生火灾，人们往往会受到惊吓，感到恐慌、茫然和不知所措。要想在发生火灾时保持镇定，从而能够自行扑灭初起火灾或逃生，就需要人们平时多学一点消防知识，了解火灾发生的规律特点，掌握一些初起火灾的扑救和逃生技能。

一、防火灭火的常识

防止火灾的发生，创造良好的消防安全环境，是全民和全社会的事，涉及千家万户、各行各业，与每一个单位、每一个家庭和每一个人都有着密切的关系。因此，每个公民都应该从自己做起，从身边做起，自觉学习国家的消防法规，学习并掌握一定的消防知识，增强消防安全意识，重视并做好火灾预防工作，只有这样，才能够在火灾面前有效地保护自

己，这是每一个公民应尽的社会义务。

（一）如何预防生活用火引发的火灾

人们的生活离不开火，预防火灾应做到：

1. 购买合格的炉具、燃气灶具并安装在适当的位置，燃气管及时更新，阀门定期检修，不带故障使用。

2. 烧饭做菜时人不离开灶间，做好饭菜后要关闭炉火或燃气总阀门。

3. 经常清洗脱排油烟罩及烟气管道，防止油渍积累过多而被引燃。

4. 不私自罐装液化石油气瓶或将液化气残液倒入下水道中，以防泄漏的可燃气体与火源接触引发火灾。

5. 在使用液化石油气、煤气、天然气作燃料时，如发生泄漏，迅速关闭阀门并打开门窗通风，尽快通知专业维修单位修理，切勿触动电器开关或使用明火。

6. 使用燃气的灶间应安装可燃气体报警器。

7. 用火炉做饭、取暖时，火炉与可燃家具保持 1 米以上的间距，周围不堆放可燃杂物；不用可燃液体引火点炉，火炉与可燃物保持安全距离。

8. 在使用酒精炉、煤油炉的过程中不能直接添加燃料，防止回火燃烧伤人，应等火焰熄灭后再添加。

（二）如何预防电器引发的火灾

人们的生活离不开电，预防此类火灾应做到：

1. 购买合格的电器设备，并定期进行维修保养。

2. 电视机不要靠近热源摆放，连续开机时间一般不要超过 5 小时，看电视时不要用电视罩覆盖。注意防止液体或昆虫进入电视机体内。若架设室外天线，室外天线要有接地装置，雷雨天不要开电视。看完电视后，要切断电源。

3. 冰箱要与墙壁保持一定的距离，不要在冰箱后面靠近冰箱散热器处放置可燃物品。不能用冰箱储存乙醇、乙醚等易燃液体，因为冰箱的继电器启动时会产生火花，容易点燃易燃液体，从而引发火灾。不要用水清洗冰箱，以免冰箱线路短路引燃冰箱箱体壁中的隔热材料。

4. 使用电热毯时不要折叠，以免损伤电线绝缘层，造成短路而引发火灾。不要长时间使用电热毯，离开时一定要断电，以免电热毯过热而引发火灾。

5. 使用电熨斗时要养成“人离开，拔插头；暂不用，熨斗竖”的好习惯。突然停电时，应及时拔下插头。使用时通电时间不宜过长，用完后一定要断电，将电熨斗放在绝热的架子上或石面、地面上，远离可燃物，防止其余热引发火灾。

6. 灯具的开关、插座与墙壁装修要有隔离措施。使用白炽灯照明时，灯泡距可燃物要保持一定的安全距离，下面不得有被褥、地毯或沙发等容易起火的物体，不能用布、纸做灯罩。使用日光灯时，镇流器不能安装在可燃的建筑构件上。不要长时间连续使用灯具，人离开或外出时要随手关灯。

（三）如何预防吸烟引发的火灾

烟头虽小，可危害不小。烟头的中心温度可达700℃~800℃，远高于一般可燃物（如木材、纸张、棉花）的燃点，因此，吸烟时应注意防火。

1. 不得在公共场所和生产、储存等严禁明火的地方吸烟和携带火种。

2. 不论在家还是外出住宾馆，都不得躺在床上或沙发上吸烟。

3. 养成离开房间前及时将烟熄灭的习惯。

4. 火柴梗、烟蒂不可随意扔在废纸篓内或可燃杂物上，应养成把火柴梗、烟蒂掐灭后放入烟灰缸的好习惯。

5. 提倡戒烟，既有利于身体健康，又可以减少火灾隐患。

（四）如何预防电动自行车引发的火灾

现今，电动自行车已成为人们出行的一种重要代步工具，给电动自行车充电时应注意防火。

1. 购买电动自行车及电池时，要通过正规渠道购买，切不可贪图便宜，购买“三无”产品。

2. 电动自行车的停放和充电应在室外充电场所（充电桩或充电柜）进行，严禁在楼内公共区域停放和充电，不得私拉电线“飞线”充电。电动自行车必须使用与之匹配的原装充电器。

3. 避免电池“超期服役”，当电池续航里程明显下降时，应及时更换新电池，切不可为了省钱，“带病”运转。

4. 不要擅自改装电动自行车和电池，如需更换电池，应到原购买场所购置原装电池。

二、扑救火灾的原则

1. 发现火情，沉着镇定。发现起火时，一定要沉着冷静，理智地分析火情。如果是在火灾的初起阶段，燃烧面积不大，可考虑自行扑救。如果火情发展较快，要迅速逃离现场，并报警求援。

2. 扑灭小火，争分夺秒。刚发生火灾时，应争分夺秒，奋力将小火控制、扑灭。千万不要惊慌失措，置小火于不顾而酿成大灾。

3. 小孩老人，逃生要紧。对于未成年人来说，身体、心智都没有发育成熟，自我保护能力不强，面对火灾很可能因为对危险情况不能进行正确判断和处理，造成不必要的人身伤亡。所以，应当避免让未成年人参与灭火，同时如果火灾现场有老人，也应当帮助其逃生。

4. 大声呼救，及时报警。“报警早， 损失少”，一旦发现火情，既要积极扑救，又要及时报警。拨打火警电话时，接通后要首先确认是否是消防队，得到肯定回答后，要说清楚起火单位和具体的街、路、门牌号，尤其要说清着火物品和火势大小，是否有人被围困等信息，最后要说清楚报警人的姓名、所用的电话号码。

5. 生命至上，救人第一。火场中如果有人受到火势的围困，首要任务就是把受困人员从火场中抢救出来。救人与灭火同时进行。

6. 房间着火，门窗慎开。如果封闭的房间着火，看到浓烟和火焰时，

应立即盛水浇灭火焰，不要打开门窗，因为一旦打开门窗，房间里的空气就会与室外的空气形成对流，这就等于给房间里的大火添加助燃剂，会助长火势蔓延。

7. 火势凶猛，撤退求援。如果火势越烧越大，应迅速撤离火场，快速协调，等待专业救援队伍。

三、扑救火灾的方法

1. 冷却灭火法。冷却灭火法就是将燃烧物的温度降至着火点（燃点）以下，使燃烧停止。具体的过程是将水、泡沫、二氧化碳等灭火剂直接喷洒在燃烧的物体上，使燃烧物的温度降到燃点以下，从而使燃烧停止。

2. 隔离灭火法。隔离灭火法是根据发生燃烧必须具备可燃物这个条件，将已着火物体与附近的可燃物隔离或疏散开，从而使燃烧停止。如关闭阀门、拆除与火源相毗连的易燃物等。

3. 窒息灭火法。窒息灭火法是根据燃烧需要足够的空气这个条件，采取适当措施防止空气流入燃烧区，使燃烧物质缺乏氧气或与氧气隔绝

而熄灭。如使用泡沫灭火器喷射泡沫覆盖在燃烧物表面，利用湿棉被或沙土覆盖在燃烧物表面等。

4. 抑制灭火法。抑制灭火法就是让灭火剂参与到燃烧反应过程中，中断燃烧的连锁反应。如利用干粉灭火器向燃烧区域喷射干粉等。

对于一些日常常见的火灾，我们可以采用以下方法进行扑救：

1. 油锅火灾。油锅起火时千万不要往锅里浇水，因为冷水遇到高温油会使油火到处飞溅。扑灭油锅起火可用锅盖盖住起火的油锅，或用手边的大块湿抹布覆盖住起火的油锅，使燃烧的油火接触不到空气而熄灭。如果厨房里有切好的蔬菜，也可将蔬菜沿着锅的边缘倒入锅内。

2. 电气火灾。火灾发生后要先切断电源，确定电路或电器无电后，再用水扑救。电视机、微波炉等电器着火时，在断电的情况下，可用湿棉被、湿毛毯等覆盖，防止电器着火后爆炸伤人。

3. 汽车火灾。如果汽车在行驶中发动机起火，应采取紧急措施断电，待汽车熄火后，再使用车载灭火器灭火。如果是电气线路短路着火，除采取紧急断电措施外，还应将蓄电池火线拔下，再用灭火器灭火。如果是汽车油箱起火，应立即用灭火器灭火，同时就近用水冷却油箱，防止油箱因温度过高而爆炸。

四、树立正确的逃生观念

一旦发现火灾已失去控制，要立即逃生，切勿因犹豫而贻误逃生时机。逃生时要沉着冷静，不要惊慌，尽快选择正确的逃生路径。离开着火房间应随手关好门。千万不要因顾及个人财物而贻误逃生时机，逃出火场后也不能为抢救财物而返回火场，以免再入“虎口”。楼梯间的防火门不要常开，应处于常闭状态。

五、选择正确的逃生路径

建筑物是供人们居住、学习、工作、生活及进行文化活动和社会活动的场所。国家对建筑物消防安全有明确的规定，建筑物必须设置安全通道、出口和疏散楼梯。当建筑物发生火灾时，火灾初期，应尽快通过楼梯把人们疏散到室外，特别是高层建筑。这是因为防烟楼梯间和封闭楼梯间都具有良好的防火隔热设施，不易受到火灾威胁，是安全疏散和自救逃生的最好通道。发生火灾时，应沿着楼内的疏散指示标志和安全出口标志，进入疏散楼梯并迅速撤到楼外。千万不能乘坐普通电梯，因为火灾烟气容易进入电梯内，且一旦电梯断电就断了逃生之路。只有当建筑物火势已大，楼梯被大火封堵而无法下楼时，才选择其他的逃生路径。

六、采取正确的逃生方法

人们在同火灾做斗争的实践中积累了不少逃生方法，这里仅将常见的方法归纳为十种，但因火场情况比较复杂，人员的性别、年龄及身体状况和平时掌握的消防安全知识均存在差异，具体方法应视火场具体情况予以选择。

1. 匍匐前进法：由于火灾产生的烟气大多在建筑物内上部，穿过过道、走廊逃生时，应尽量将身体贴近地面匍匐前进或弯腰前进。

2. 毛巾捂鼻法：火灾中产生的烟气和高温容易引起呼吸系统烫伤和中毒，因此逃生时应用湿毛巾（布）捂住口鼻，以起到降温及过滤的作用。

3. 棉被保护法：将用水浸过的棉被、毛毯或棉大衣等盖在身上，迅速穿过火场，冲到安全区。

4. 毛毯隔离法：将毛毯等织物钉或夹在门上，并不断地往上浇水冷却，以防止外部火焰及烟气侵入，从而抑制火势的蔓延速度，增加逃生时间。

5. 绳索自救法：室内发生火灾时，如果有绳索，可将绳索一端固定在未着火房间的门、窗或暖气管道等坚固的构件上，另一端捆扎在腰间，双手握住绳索向下逃生。逃生时，双脚夹着绳子，双手尽量用手套、毛巾等保护好。

6. 被单拧结法：把床单、被罩或窗帘等撕成布条或拧成麻花状，按绳索逃生的方法沿外墙爬下，但要把床单等扎紧扎实，避免断裂或脱落。

7. 管线下滑法：当建筑物外墙或阳台边上有坚固的落水管、避雷针引线等竖向管线时，可借助其下滑到地面，但一次下滑的人数不宜过多，以防管线损坏致人坠落。

8. 楼梯转移法：当火势自下而上迅速蔓延而将楼梯封死时，住在楼上的居民可通过老虎窗、天窗或阳台隔墙等迅速爬到屋顶，转移到另一家或另一单元的楼梯逃生。若相邻阳台连接，也可以打破玻璃从阳台进入另一家躲避火险和逃生。

9. 火场求救法：发生火灾时，可在窗口阳台或屋顶处大声呼救、敲击金属物品或投、挥物品，白天应挥动鲜艳布条发出求援信号，晚上可挥动手电筒以引起救援人员的注意。

10. 跳楼求生法：火灾中切勿轻易跳楼！在万不得已的情况下，住在低楼层的居民可采用跳楼的方法逃生，但要根据周围地形选择落差较小的地块作为着地点，然后将床垫、沙发垫、厚棉被等抛下作缓冲物，尽量放低身体重心，做好准备后再跳楼。

七、楼梯被烟火封堵怎么办

楼梯被烟火封堵住时，不要惊慌失措，要保持冷静。一般情况下，楼内发生火灾时，楼梯内未必着火。对于多层或高层建筑而言，如果低层首先着火，在楼梯未封闭的情况下，烟雾往往通过楼梯往上层楼梯间灌，楼上的人们往往会以为楼梯已被切断，没有退路了，而实践证明，大多数情况下，特别是火灾初期，楼梯间并未着火，从楼梯逃生仍是首要选择。一般建筑物都有两个疏散楼梯，当发现楼房着火后，首先要选择没有烟气的楼梯逃生。如果两个楼梯都有烟气，可以用湿纸巾捂住鼻子，贴近楼板快速撤离。即使楼梯被烟火封住了，在别无出路的情况下，也可以用浸湿的棉被、毛毯等物件作保护，及早、迅速地穿过烟雾，冲下楼梯逃生。

八、高层楼房着火怎么办

高层楼房一般都有良好的消防设施和安全疏散出口，如果发生火灾，安保人员一般会有秩序地组织人们逃生，但个人也要具有一定的消防意识，关键时刻自救逃生。

1. 具备一定的消防安全素养。平时通过读书、看报、看电视、听广播或参加消防演练等积累一定的消防常识。当你居住在高层住宅或外出住高层宾馆时，你必须对你居住的大楼结构和配置的消防设施有所了解，现场观察一下疏散楼梯和应急通道的位置。一旦发生火灾，你就会有所准备，不会惊慌，从而迅速地从疏散楼梯逃生。

2. 火灾后楼梯易断电，不能乘普通电梯逃生。当走廊和楼梯间已充满烟雾时，要用湿纸巾捂住口鼻，用水将衣服浸湿，或者把用水浸湿的棉被、毛毯、棉大衣等物品披在身上，然后鼓足勇气，俯身外冲，或者头朝外爬行，顺着楼梯很快就能脱离险地。但若是下层楼房着火，应根据疏散楼梯口的烟雾情况迅速判断逃生通道是否畅通，疏散楼梯是否被大火封堵，否则一味向下冲，会适得其反。

3. 当大火封门时，要沉着冷静，不要惊慌，更不能盲目跳楼。首先，

要用浸湿的床单、毛毯、毛巾等物品堵塞房门孔隙，并不断地往门上浇水，防止烟气窜入，争取逃生时间。如果房内有救生缓降器或救生绳，可利用其进行逃生；如果没有，可就地取材，把床单、被罩或窗帘撕成布条连接在一起，一端固定在窗中枢或其他固定物件上，另一端系在两腋或腰部，沿墙壁滑至地面。如果窗外有落水管、避雷针引线，也可顺其滑下逃生。妇女、老人和儿童，可手持鲜艳物品在窗口呼救或敲击金属物，吸引消防人员前来救援。

火灾自救，不仅要掌握一定的技巧，还要有良好的心理素质。在被困时一定要沉着冷静，保持头脑清醒，根据自身所处的环境，以平时掌握的逃生方法，迅速做出判断，尽快脱离险境。

抗震救灾

灾情实录：汶川大地震

5·12汶川地震，发生于2008年5月12日14时28分4秒，震中位于四川省阿坝藏族羌族自治州汶川县映秀镇。

根据中国地震局数据，5·12汶川地震的震级为8.0级。地震波及大半个中国以及亚洲多个国家和地区，中国国内北至内蒙古，东至上海，西至西藏，南至香港，多个地区均有震感，中国之外的泰国、越南、菲律宾和日本等国也均有震感。

5·12汶川地震中遭受严重破坏的地区约50万平方千米，其中极重灾区共10个县（市），较重灾区共41个县（市），一般灾区共186个县(市)。截止到2008年9月25日，5·12汶川地震共造成69227人遇难，17923人失踪，374643人不同程度受伤，1993.03万人失去住所，受灾总人口达4625.6万人。截至2008年9月，5·12汶川地震造成直接经济损失8451.4亿元。

5·12汶川地震是中华人民共和国成立以来破坏性最强、波及范围最广、救援难度最大的一次地震。

2009年3月2日，经中华人民共和国国务院批准，自2009年起，每年5月12日为全国“防灾减灾日”。

5・12汶川地震的特点如下：

一是强度大，波及面广，破坏力强。5・12汶川地震是我国大陆内部地震，属于浅源地震，破坏力较大。除吉林、黑龙江、新疆无震感报告外，其他省区市均有不同程度的震感。

二是震中位于地震高发区。有地震记载以来，5・12汶川地震震中附近200公里范围内发生过8次7级以上地震。

三是灾区建筑抗震能力较弱。震中汶川县羌族人口2.9万人，占全县总人口的26.69%，是我国四个羌族聚居县之一。羌族房屋结构为石砌墙体或夯土板筑墙体，防震性能差。

四是学校、医院等公共场所人员伤亡情况严重。由于5・12

汶川地震发生在下午，学校、医院等单位人员较为集中，学生、教职工和医护人员伤亡严重。

五是抗震救灾难度大。震中汶川县海拔1325米，周围有茶坪山脉、邛崃山脉等众多山体围绕，地形复杂、交通不便，震后道路、通信中断，当时灾区多阵雨天气，给灾区救援工作带来很大困难。

灾情概览：探寻地震的秘密

地震，就是地球内部突然运动而引起的地球表面的振动，它是一种自然现象。在巨大而充满生机的地球上，平均每年约发生500万次地震，其中，人们能感觉到的约5万次，造成破坏的约1000次，7级以上的强烈地震约18次。除为数较少的火山地震、塌陷（溶洞、矿洞塌落）地震、水库地震外，90%以上是构造地震。构造地震的成因相当复杂，主要是由地球及其内部物质的不断运动而产生的力，使地下岩层突然断裂或错动而形成的。

一、地震发生的机理

（一）基本常识

震源：地球内部直接发生破裂的地方。

震中：从震源垂直向上对应地面的地方。

震源深度：震源到震中的距离。

震中距：震中到观测点的距离。

震级：表示地震能量大小的等级，是用设置在各地的地震仪测定的。震级每增加 1 级，震源释放的能量大约增加 32 倍。

烈度：是指地震对地表产生地震力的大小。宏观烈度是根据人的感觉、地表和建筑物破坏程度确定的。同一地震，在不同地点可以有不同的烈度。一般来说，离震中越远，烈度越低，振动强度越弱，地震灾害越轻。

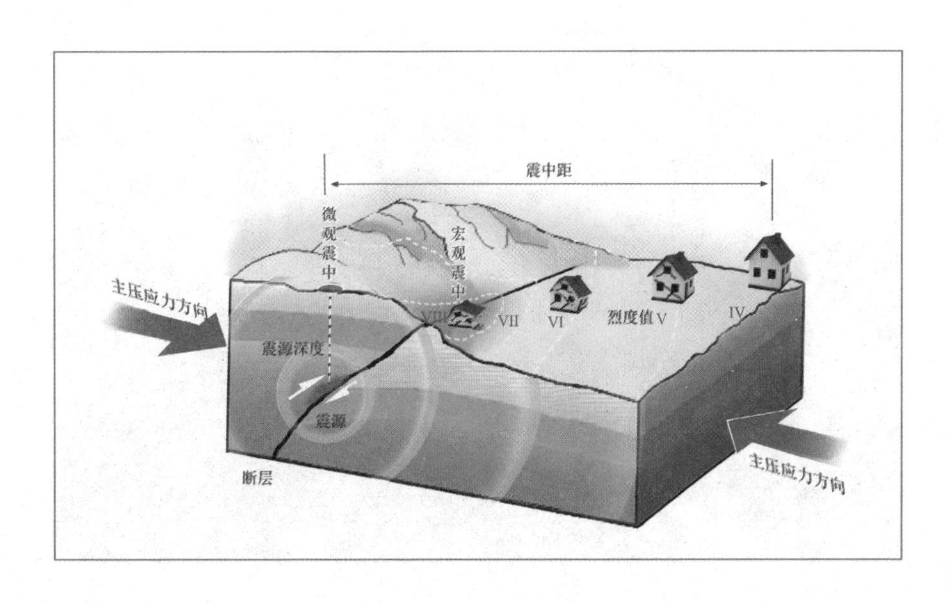

（二）地震前兆

地震是有前兆的。地震前，自然界发生的与地震有关的异常现象叫地震前兆。由于地球内部发生相对运动或变形，引起地面的微小倾斜和地下电流、地磁场、地应力、地温、地下水等发生异常，所以会出现地光、地声、天气异常等现象。但是，有些现象并不一定都是地震的前兆，需要进行认真科学的分析。

地震前兆分为宏观前兆和微观前兆。

宏观前兆是能被人的感觉器官直接觉察到的地震前兆，如地下水异常、动物异常、地声、地光等。

微观前兆是不能被人的感觉器官直接觉察，需用仪器才能测出的地震前兆，如地形变异常，地应力、地磁、地电、地下流体的变化等。

二、地震能造成哪些灾害

（一）直接灾害

由地震的原生现象和地震弹性波等直接造成的灾害，称为直接灾害。地震会造成建筑物和构筑物的破坏，如房屋倒塌、桥梁断落、水坝开裂、铁轨变形等；还会造成地表的破坏，如地裂缝、地鼓包、地基沉陷、沙土液化、喷水冒沙、山崩、滑坡、塌方、泥石流等；还会引发水体震荡，如海啸、湖震等。

（二）次生灾害

由于直接灾害打破了自然与社会原有的平衡状态或正常秩序而导致的灾害，称为次生灾害。如地震火灾，地震水灾，毒气、毒液或放射性物质泄漏造成的灾害；地震灾害还会引发多种社会性灾害，常见的有瘟疫与饥荒、交通事故、通信事故以及计算机事故等。

灾情应对：避震自救需冷静

一、避震要点

（一）在家中怎样避震

发生地震时，应迅速就近躲避在结实、能掩护身体的家具或其他物体下（旁），易于形成三角空间的地方，或开间小、有支撑的地方。如床下、炕沿下、坚固的家具附近、内墙墙根、墙角以及厨房、厕所等开间小的地方，震后迅速撤离到安全区域。

（二）在学校怎样避震

1. 若正在上课，要听从教师指挥，有秩序地撤离教室或迅速抱头闭眼，躲在课桌下。

2. 在操场或室外时，可原地不动蹲下，双手保护头部，注意避开高大建筑物或危险物，不要回到教室。

3. 不要在楼道、楼梯间拥挤，避免踩伤、摔伤。

（三）在公共场所怎样避震

1. 听从现场工作人员的指挥，不要慌乱，不要涌向出口。避免拥挤，避开人流，避免被挤到墙壁或栅栏处。

2. 在影剧院、体育馆等处：就地蹲下或趴在排椅下；注意避开吊灯、电扇等悬挂物；用书包等保护头部；等地震过去后，听从工作人员指挥，有组织地撤离。

3. 在商场、书店、展览馆、地铁站等处：选择结实的柜台、商品（如低矮家具等）或柱子边，以及内墙角等处就地蹲下，用手或其他东西护住头部；避开玻璃门窗、玻璃橱窗或柜台；避开高大、不稳或摆放重物、易碎品的货架；避开广告牌、吊灯等高耸物或悬挂物。

4. 在行驶的电（汽）车内：司机应立即停车；乘客要抓牢扶手，以免摔倒或碰伤；降低重心，躲在座位附近；地震过后再下车。

（四）在户外怎样避震

1. 就地选择开阔的绿地、广场、体育场避震。

2. 避开高大建筑物或构筑物，特别是有玻璃幕墙的建筑、过街桥、立交桥、高烟囱、水塔等。

3. 避开危险物、悬挂物，如变压器、电线杆、路灯、广告牌、吊车等。

4. 避开其他危险场所，如狭窄的街道、危旧房屋、危墙、女儿墙、高门脸、雨篷、砖瓦木料等物品堆放处。

5. 避开山脚、陡崖，以防山崩、滚石、滑坡、泥石流等。

（五）避震口诀

高层楼撤下，电梯不可搭，

万一断电力，欲速则不达。

平房避震有讲究，是跑是留两可求，

因地制宜做决断，错过时机诸事休。

次生灾害危害大，需要尽量预防它，

电源燃气是隐患，震时及时关上闸。

强震颠簸站立难，就近躲避最明见，

床下桌下小开间，伏而待定保安全。

震时火灾易发生，伏在地上要镇静，

沾湿毛巾口鼻捂，弯腰匍匐逆风行。

震时开车太可怕，感觉有震快停下，

赶紧就地来躲避，千万别在高桥下。

震后别急往家跑，余震发生可不少，

万一赶上强余震，加重伤害受不了。

二、震后自救互救

（一）如果被埋压怎么办

震后，余震还会不断地发生，周围的环境可能会进一步恶化，要尽量改善自己所处的环境，消除恐惧心理，坚信能够脱离险地。设法避开身体上方不结实的倒塌物、悬挂物或其他危险物；搬开身边可以搬动的碎砖瓦等杂物，扩大活动空间。注意，搬不动时千万不要勉强，防止周围杂物进一步倒塌；设法用砖石、木棍等支撑残垣断壁，以防发生余震时被再次埋压；不要随便动用室内设施，包括电源、水源等，也不要使用明火；闻到煤气及异味或烟尘太大时，设法用湿纺织物捂住口鼻；不要乱叫，保持体力，用敲击声求救。

（二）积极参加互救活动

1. 救人原则

先救近，后救远；先救易，后救难；先救青壮年和医务人员，以增加帮手。

2. 救人方法

挖掘被埋压人员时应保护支撑物，以防再次倒塌伤人；救援时，让伤者先暴露头部，清除其口鼻内异物，使其呼吸保持畅通，如有窒息，立即进行人工呼吸；被压者不能自行

爬出时，不可生拉硬扯；搬运脊椎损伤者时，应用门板或硬担架；当发现一时无法救出存活者时，应做出标记，以待救援。

三、家庭应急方案

家庭地震应急方案是家庭预防地震灾害的一项重要内容，一个合理的家庭地震应急方案应包括以下几个方面：

1. 学习地震应急知识，制订家庭应急预案。

2. 平时准备好地震应急包，并定期更换包内过期的物品。这些物品要放置在能顺手拿取或小开间房屋内；电话或手机放在方便的地方，要牢记急救中心、消防队、派出所等应急单位的电话号码。

3. 了解医药急救用品的用途并掌握使用方法。

4. 学会关闭煤气、电闸和水闸；在便利的地方放置灭火器，输水管要常安在水龙头上，用于应急灭火。

5. 合理摆放物品，避免地震时坠落伤人。如果自己家中有大面积的落地玻璃门窗和玻璃隔断，或有大的玻璃镜子或玻璃物品，最好贴覆上透明的塑料薄膜，以防地震时破碎伤人；摆放家具物品时要重的在下，轻的在上。将高大家具与墙壁锚固，在高大的家具上方不要堆放重物；将床放在内墙（承重墙）附近，要远离屋梁和悬挂的灯具。加固睡床，将牢固的家具下面腾空；床边不要放玻璃、镜子等易碎危险物品。地震时，柜架内的物品可能会掉出来砸伤人，因此，柜架应固紧，柜门应用绳子或其他卡件卡死系紧；采取措施，将电视机等易倾倒物品固定紧；取下阳台围栏或较高花架上的花盆。

6. 危险品，如可燃性液体、有毒物品要存放在不会倒、不会被打破的安全器具内。

7. 住平房的要检查房屋，拆掉女儿墙、高门脸，处理其他容易坠落的危险物品，必要时可进行房屋加固的工作；住楼房的要疏通楼道，清理杂物，保证地震时通道畅通无阻。

搏击冰雪

灾情实录：南方罕见雪灾

2008年1月10日至2月2日，一场罕见的低温雨雪冰冻灾害袭击了我国南方的广大地区。初期，难得一见的银白雪花使众多群众沉浸在兴奋与喜悦之中，然而接下来持续不断的低温雨雪天气，使雪景变成了雪灾。雨雪天气迅速波及全国20多个省（区、市），范围覆盖大半个中国，仅湖南、贵州、江西等几个重点受灾省的受灾面积就达上百万平方公里，贵州、湖南的一些输电线路覆冰厚度达30~60毫米，江淮等地也出现了30~50厘米厚的积雪……

从总体上看，本次灾害的影响范围、强度、持续时间对很多地区来说为五十年一遇，而贵州、湖南等地则属百年一遇。大范围、长时间的低温雨雪冰冻灾害导致南方部分地区的电网遭受了历史上最严重的覆冰灾害，近6000条输电线路停运，并多次发生断线、倒塔事故；严重的路面结冰现象和输电故障，

致使京广铁路、京珠高速公路等交通大动脉运输受阻，民航机场被迫封闭；而当时适值春运，人流拥堵与断路、断电事故叠加出现，使正常的生活秩序陷入混乱；一些城市的供水管线被冻裂，加上物资流通受阻，再加上通信不畅，广大民众的生活必需品一度出现匮乏；极端之下，农作物和林木也遭受了严重冻害。至此，一场在全球气候变化背景下发生的极端气候事件，引发了“多米诺骨牌”效应，最终演变成为一场历史罕见的巨灾。

据统计，低温雨雪冰冻灾害共造成132人遇难，4人失踪；紧急转移安置166万人；农作物受灾面积1.78亿亩，其中绝收面积2536万亩，畜禽死亡6956万头（只），倒塌损毁圈舍1945万平方米；倒塌房屋48.5万间，损坏房屋168.6万间；直接经济损失1516.5亿元。其中湖南、湖北、贵州、广西、江西、安徽、四川等省（区）受灾最为严重。

灾情概览：识得雪灾真面目

一、雪灾的定义、形成因素及分类

雪灾是世界上主要的自然灾害之一，亦称白灾，是因为降雪过多，积雪过深，影响人们正常的生产和生活，造成人畜冻饿伤，而带来经济损失的自然现象。雪灾具有季节性、突发性、危害性、潜在性、区域性等特点。

持续大雪、暴风、低温以及积雪是造成雪灾的主要因素。具体地说，雪灾的形成与以下几个方面的因素有关：一是降雪厚度，30 厘米厚度的雪在设施条件好的地方不一定成灾，但是在条件差的地方，雪灾就不可避免；二是下雪季节，春天、秋天下雪，两三天就融化了，但如果下雪的季节是在气温较低的冬季，降大雪后就容易堆积形成灾害；三是雪后天气变化，如果下完雪后大幅降温并伴随大风，形成暴风雪，成灾的可能性就大；四是积雪的时间，降雪后温度持续在 0℃以下，时间越长，雪灾越严重；五是社会的防灾、抗灾能力。

根据时间顺序，将每年 10 月 15 日至 12 月 31 日发生的雪灾称为前冬雪灾，翌年 1 月至 2 月发生的雪灾称为隆冬雪灾，翌年 3 月至 5 月 15 日发生的雪灾称为后冬雪灾或春季雪灾。

雪灾按其发生的气候规律可分为两类：猝发型和持续型。猝发型雪灾发生在暴风雪天气过程中或以后，在几天内保持较厚的积雪。本类型雪灾多见于深秋和气候多变的春季。持续型雪灾是指达到危害牲畜的积

雪厚度随降雪天气逐渐加厚，密度逐渐增加，稳定积雪的时间长。此类型雪灾可从秋末一直持续到第二年的春季。

根据我国雪灾的形成条件、分布范围和表现形式，雪灾可分为雪崩、风吹雪（风雪流）和牧区雪灾三种类型。

雪崩是当山坡积雪内部的内聚力抗拒不了它所受到的重力拉引时，向下滑动而引起大量雪体崩塌的一种自然现象。雪崩具有突然性、运动速度快、破坏力大等特点。

风吹雪（风雪流）为地面积雪或雪粒被大风卷起，使水平能见度小于 10 千米的一种天气现象。它对自然积雪有重新分配的作用。风吹雪形成的积雪深度一般为自然积雪深度的 3~8 倍，是我国北方地区冬季常见的一种自然灾害。

牧区雪灾是指在草原牧区，因降雪量过大、积雪过深或持续时间过长，造成无法放牧或牲畜吃草困难，甚至造成大量牲畜死亡、失踪，牧民生活严重困难甚至发生死伤、疾病的现象。

依据降雪量、积雪厚度、积雪持续日数、空气温度、承灾体状况等指标，将雪灾等级分为轻雪灾、中雪灾、重雪灾和特大雪灾四级。

二、雪灾的危害

雪灾的危害程度比台风、雨涝、干旱等重大气象灾害和地震等地质灾害要小，但也不能忽视。雪灾发生时，主要会造成以下几个方面的危害:

（一）对畜牧业的危害

主要是积雪掩盖草场且超过一定深度，牲畜吃草困难；有的积雪虽不深，但密度较大，或者雪面覆冰形成冰壳，牲畜难以扒开冰层吃草，导致牲畜饥饿；有时冰壳还会划破牲畜的蹄腕，造成冻伤，致使牲畜瘦弱，造成牲畜流产，仔畜成活率低，老弱幼畜饥寒交迫，死亡增多。

另外，在严寒季节，冬春禽畜的抵抗力下降，某些病毒性疾病，如传染性胃肠炎，传染性支气管炎、慢性呼吸道疾病、流行性腹泻、蓝耳病、口蹄疫和体外寄生虫病等爆发的可能性增加，这时如果发生雪灾可以起到催化和加剧的作用。

（二）对交通的危害

雪灾时，交通线路与交通工具受到严重破坏，致使交通中断，运力损坏。道路结冰，致使车轮与路面的摩擦力大大减小，导致车辆打滑或刹车失灵，引发交通事故；还会造成行人滑倒、摔伤。在灾害严重的情况下，机场关停，部分水路封航，公路桥梁损坏，重点灾区交通陷入瘫痪，局部交通失衡，物流秩序与国民经济会受到较大影响。

（三）对农业的危害

降雪压垮温室大棚或因长期阴天降雪缺乏日照而使大棚温度过低，都会影响蔬菜、水果的产量和品质。由于雪天交通不便，时鲜农产品得不到及时收购和外运，会造成产品积压甚至变质，影响经济效益。雪灾后，蔬菜虫害减少，但病害会加重，随着气温回升，在温暖潮湿的环境中，真菌性病害会加重。

（四）对水产养殖业的危害

鱼、虾等受到冰雪灾害的影响，生育率下降，自身免疫机能受到损害，抵御重大疫病和外界恶劣环境的能力下降，具体表现为摄食频率和摄食强度降低；抵御细菌、病毒、寄生虫侵害的能力下降，生长速度缓

慢，饲料成本增加，商品性能下降。

（五）对旅游业的危害

降雪使一些处在山区的旅游景点游客锐减，极大地影响了旅游及相关产业的收入。对于山区野外活动来说，雪崩是威胁人们生命安全的一种重要灾害。

（六）其他方面的危害

秋冬之交或冬春之交，气温较低，雨夹雪或湿雪落在树木或电力设施上，会造成树木、电线积雪或结冰，发生压断树木和电线的事件，导致断电。除直接伤人毁物外，断电还会引起一系列城市灾害，比如供电、供水、供暖系统不能正常运转，医院、学校及居民生活受到严重影响，通信线路中断等。

灾情应对：雪灾防护分阶段

一、暴雪来临前

1. 关注气象部门关于暴雪的最新预报、预警信息。

2. 做好道路清扫和积雪融化的准备工作。

3. 要减少外出活动，特别是尽可能地减少车辆外出，并躲避到安全的地方。

4. 机场、高速公路、轮渡码头可能会停航或封闭，要及时取消或调整出行计划。

5. 做好防寒保暖准备，储备足够的食物和水。及时增加营养物质，高热量的蛋白质和脂肪类食物应该比平常增加。酒精不能产生热量，寒冷时不要饮酒。

6. 离开不结实、不安全的建筑物。

7. 农牧区要备好粮草，将野外牲畜赶到圈里喂养。

8. 对农作物要采取防冻措施，防止作物遭受冻害。

二、暴雪来袭时

1. 尽量待在室内，不要外出。

2. 如果在室外，要远离广告牌、临时搭建物和老树，避免被砸伤。路过桥下、屋檐时，要小心观察或绕道通过，以免因冰凌融化脱落被砸伤。

3. 应给自己所驾驶的非机动车轮胎少量放气，以增加轮胎与路面的摩擦力。

4. 要听从交通民警指挥，服从交通疏导安排。

5. 注意收听天气预报和交通信息，避免因机场、高速公路、轮渡码头等停航或封闭而耽误出行。

6. 驾驶汽车时要慢速行驶并与前车保持距离。车辆拐弯前要提前减速，避免急刹车。有条件的要安装防滑链。

7. 若开车外出时被暴风雪围困，应尽量待在车中报警求援。

8. 出现交通事故后，应在现场后方设置明显标志，以防发生连环撞车事故。

9. 如果发生断电事故，要及时报告电力部门迅速处理。

10. 野外遭遇暴风雪，尽可能地穿上所有能够防寒的衣物，躲到安全地带。同时，在雪地上做好醒目的求救信号，请求救援，尽全力吸引别人的注意。

三、道路结冰时

1. 行人出门应当心路滑跌倒，尽量少骑自行车。

2. 机动车司机要采取防滑措施，如装防滑链，注意路况，慢速安全驾驶。

3. 行人要注意远离或避让机动车和非机动车辆。

4. 机动车一定要听从交通警察的指挥。

5. 告知少年儿童不要在有结冰的操场或空地上玩耍；嘱咐老人不要在结冰的地方散步或锻炼身体，以防路滑跌伤。

6. 如果跌伤骨折，应立即与医院联系，请求救护，同时注意伤者的保暖。

四、雪后多防范

尽量减少外出，随时收听天气预报。关好门窗、紧固室外搭建物，防止家中的用水设备（水管，水箱）冻裂。若外出，注意保暖，戴好帽子、围巾、手套和口罩，服装也应以保暖性强的棉服为主，保证内衣干燥；穿上御寒且防滑的鞋子，以保证出行的安全，鞋的材料要选透气性好的，如帆布、皮革等，如果穿橡胶鞋或塑料鞋，脚在出汗以后，易发生冻伤，此外，硬而紧的鞋子会妨碍脚部的血液循环，也易发生冻伤。

要尽量减少皮肤的暴露部位，对易发生冻疮的部位，要经常地活动或按摩。若有冻伤现象，应慢慢地温暖患处，以防止深层组织继续受到冻伤。尽快将患者移至温暖的帐篷或屋中，轻轻脱下伤者的衣物及所有束缚物，如戒指、手表等，用纱布三角巾或软质衣物包裹或轻盖伤处。不可用热水浸泡伤处，抬高伤处可以减轻肿痛。伤情严重者须尽快送往医院。

雪地摔倒后不要急于起身，应当首先查看大腿、腰部及手腕是否疼痛。一般大腿和手腕骨折较轻的，还能勉强活动；如果腰部疼痛，千万不要随意乱动，因为腰椎骨折后如果随意活动，很可能造成关节脱位，严重时可引起下肢瘫痪。此时应该尽快呼救，救人者也不宜随意背抱伤者，而要用硬板将伤者抬到医院，或拨打 120 急救电话，由专业医护人员救助。

避险台风

灾情实录："彩虹"袭湛江

2015年10月5日14点10分左右，台风"彩虹"登陆广东省湛江市，登陆时中心附近的最大风力有17级，达到每秒50米，成为自1949年以来10月份登陆我国陆地的最强台风。

受台风"彩虹"的影响，湛江市区许多树木被拦腰折断，大部分住宅小区和办公大楼水电供应中断，海滨大道等多条主干道被积水淹没，道路两旁的商铺也全部关闭，很多商家为了安全起见，还在商铺门前堆放了几层沙包。毗邻湛江的茂名市也遭到台风重创，有503名游客滞留在了放鸡岛上。

受"彩虹"影响，佛山顺德和广州番禺遭到龙卷风袭击，巨型的龙卷风如同一条巨龙，席卷大地。顺德伦教、勒流、北滘和乐从四个镇街受龙卷风吹袭之后，共有3人死亡，近80人受伤。由于龙卷风把铁皮、塑料等杂物吹到了550千伏广南变电站，导致变电站停运，造成广州塔及周边地区大范围停电。

灾情概览：台风危害知多少

一、台风的等级

台风，属于热带气旋的一种。热带气旋是发生在热带或副热带洋面上的低压涡旋，是一种强大而深厚的“热带天气系统”。我国把南海与西北太平洋的热带气旋按其底层中心附近最大平均风速（风力）大小划分为6个等级，分别为热带低压（最大风力6~7级）、热带风暴（最大风力8~9级）、强热带风暴（最大风力10~11级）、台风（最大风力12~13级）、强台风（最大风力14~15级）和超强台风（最大风力16级或以上）。其中，中心附近风力达12级或以上的，统称为台风。

我国台风预警信号分为四级，颜色级别从低到高的顺序是蓝色、黄色、橙色、红色。蓝色预警表示24小时内平均风力达6级以上或者阵风8级以上并可能持续；黄色预警表示24小时内平均风力达8级以上或者阵风10级以上并可能持续；橙色预警表示12小时内平均风力达10级以上或者阵风12级以上并可能持续；红色预警表示6小时内平均风力达12级以上或者阵风达14级以上并可能持续。

台风通常在海上形成，会带来强风和暴雨，移动速度可能缓慢，也可能很快，最快时可以达到和赛车一样的速度，甚至超过赛车。

不同地区的台风活跃季节不同，我国所在的北半球台风主要发生在7~10月。

二、台风的危害

狂风：飓风级的风力足以损坏甚至摧毁陆地上的建筑、桥梁、车辆等，特别是在建筑物没有被加固的地区，造成的破坏会更大。大风亦可以把杂物吹到半空，使户外环境变得非常危险。

暴雨：台风带来的暴雨可能会造成洪涝灾害，破坏性极大。台风暴雨引发的山体滑坡、泥石流等地质灾害十分频繁，会破坏森林植被，造成生态破坏和人员伤亡。

风暴潮：强台风带来的汹涌海浪和风暴潮可以把万吨巨轮掀翻，也能导致潮水漫溢、海堤溃决、房屋和各类建筑设施被冲毁、城镇和农田被淹没，造成大量的人员伤亡和巨额的财产损失。风暴潮还会造成海岸侵蚀、海水倒灌、土地盐渍化等问题。

病虫害：有时候台风甚至会给农作物造成病虫害。

灾情应对：台风应对小攻略

一、台风来临，如何应对

1. 关注气象部门发布的台风预报预警信息，了解最新的台风动态。

2. 非必要不外出，如必须外出，尽量缩短户外停留时间。

3. 提前准备一些应急物品，如手电筒、蜡烛、食物、饮用水、常用药品、零钱等。

4. 停止高空作业、户外危险活动，船只回港或就近避风。

5. 幼儿园、校外机构等临时停课，同时停止各种露天集体活动。

6. 居民住户因地制宜，可在家门口放置挡水板、堆置沙袋。

二、居家如何防台风

1. 关好门窗，搬移屋顶、窗台、阳台上的衣物、花盆、悬挂物等，防止被大风吹落。

2. 检查空调室外机、遮阳棚支架、晾衣架等生活设施，紧固易被风吹动的搭建物。

3. 检查家中水、电、气等设施是否安全。

4. 如台风来袭时伴随打雷，则应切断各类电器电源，防止雷击。

5. 若家中进水，要注意切断电源，关好门窗，垫高柜子、床等家具，特别是要把大米、蔬菜等食物放在高处，并第一时间撤离到安全区域。

6. 居住在危旧房、简易房、工棚、低洼地区或易发山洪地区的居民，要提前投亲靠友或配合有关部门统一转移。

三、室外如何躲避台风

1. 如果身处室外，应立即停止农事活动和户外活动。

2. 遇到大风或强降雨，不要在桥梁、涵洞、隧道、地下车库或广告牌、公交站台、大树附近避风避雨，也不要在地下商场、地下车库、地下人行道等地久留。

3. 不要在积水路段行走，要注意路边的配电箱、电线杆、施工围墙、围挡、窨井盖等可能存在的危险，尤其要注意远离高压线和被风吹断下垂的电线，以防触电。

4. 台风期间尽量不要驾车外出，不得已需驾车出行时，行驶中要注意绕开积涝点，切忌贸然涉水；车内要常备应急锤，如被困车中，要及时弃车逃生。

四、台风过后的注意事项

1. 强台风刚过后的风平浪静，可能是台风眼经过时的短暂平静，片刻后狂风暴雨可能会再次袭击，此时应继续待在安全场所，留意最新台风预警信息。

2. 台风过后的几天内，经过暴雨的冲刷，许多山区的道路都变“脆弱”了，应尽量避免前往山区、沿海、水库等区域进行旅游娱乐活动。

3. 不喝生水，只喝开水或符合卫生标准的瓶装水、桶装水。

4. 不吃淹死、病死的禽畜、水产；不吃生冷食物，食物要煮熟煮透，进食前要洗手消毒。

5. 做好防蝇、防鼠、灭蚊工作，预防肠道和虫媒传染病。

6. 如出现发热、呕吐、腹泻、皮疹等症状，要尽快就医。

防范雷电

灾情实录：雷击岛城

2010年8月22日，青岛地区莱西市某驾校附近一养鸡场内，市民徐某正打着雨伞站在雨中等待父亲，只见一个很强的亮光击中雨伞，徐某随即倒在地上，然后才听到一声巨响。站在鸡棚内侧的两个养鸡工人也受了伤，其中一人颈部被雷电灼伤，另一人左脚大脚趾被灼伤。等120赶到时，徐某已经停止了呼吸。

同一天，青岛地区胶州市雷雨交加、电闪雷鸣，胶北镇西丰家村村民周某在院内活动时遭到雷击。家人紧急送往医院，因治疗无效死亡。据知情人士讲：雷电发生时，周某家院内南侧房顶上的木制电视天线被击断，家中电视机被击坏，周某身旁的一条大狗被击伤，两条小狗被雷击致死。

青岛市气象局专家介绍，青岛市平均雷暴日为20.8天，最多的年份能达到28天。尽管青岛不是全国雷暴日最多的地区，但却是雷暴灾害影响最大的地区之一。青岛每年3月份就进入雷暴期，一直持续到11月份，整个雷暴期长达9个月，其中6~9月份为雷暴高发期，年平均发生几百起雷击事件，粗略估计年损失高达1000万元。

从常年来看，平均初雷日为4月17日，最早初雷日为1月4日，最晚初雷日为5月28日。闪电活动高发时段为15:00~22:00，在18:00~19:00达到闪电频数峰值。

青岛地势西北偏高，当气流攀爬时，就会在西北地区被抬升，从而形成对流天气系统，带来雷电天气。例如青岛平度大泽山、莱西水库地区就是这样，此外，崂山也是较易遭受雷击的地方。

灾情概览：雷电现象大透视

雷电是伴有闪电和雷鸣的一种雄伟壮观而又有点令人生畏的放电现象。雷电一般产生于对流发展旺盛的积雨云中，因此常伴有强烈的阵风和暴雨，有时还伴有冰雹和龙卷风。积雨云顶部一般较高，可达20千米，云的上部常有冰晶。冰晶的淞附、水滴的破碎以及空气对流等过程，使云中产生电荷。云中电荷的分布较复杂，但总体上，云的上部以正电荷为主，下部以负电荷为主，因此，云的上、下部之间形成了一个电位差。当电位差达到一定程度后，就会产生放电，这就是我们常见的闪电现象。闪电的平均电流是3万安培，最大电流可达30万安培。闪电的电压很高，约为1亿至10亿伏特。一个中等强度雷暴的功率可达一千万瓦，相当于一座小型核电站的输出功率。放电过程中，由于闪电通道中温度骤增，使空气体积急剧膨胀，从而产生冲击波，导致强烈的雷鸣。当带有电荷的雷云与地面的突起物接近时，它们之间就发生激烈的放电，在雷电放电地点会出现强烈的闪光和爆炸的轰鸣声，这就是人们见到的闪电和听到的雷鸣。

一、雷电的种类

雷电分为直击雷、球形雷、雷电感应、雷电侵入波四种。

直击雷是云层与地面凸出物之间放电形成的。直击雷可在瞬间击伤、击毙人畜。巨大的雷电流流入地下，令雷击点及与其连接的金属部分产生极高的对地电压，可能直接导致接触电压或跨步电压的触电事故。

球形雷是一种球形、发红光或极亮白光的火球，运动速度大约为 2 米 / 秒。球形雷能从门、窗、烟囱等通道侵入室内，极其危险。

雷电感应，也称感应雷，分为静电感应和电磁感应两种。静电感应是由于雷云接近地面，在地面凸出物顶部感应出大量异性电荷所致。雷云与其他部位放电后，凸出物顶部的电荷失去束缚，以雷电波的形式沿突出物极快地传播。电磁感应是由于雷击后，巨大雷电流在周围空间产生迅速变化的强大磁场所致。这种磁场能在附近的金属导体上感应出很高的电压，造成对人体的二次放电，从而损坏电气设备。

雷电侵入波是由于雷击而在架空线路或空中金属管道上产生的冲击电压沿线或管道迅速传播的雷电波，其传播速度为 3×10^8 米 / 秒，可毁坏电气设备的绝缘，使高压窜入低压，造成严重的触电事故。例如，雷雨天，室内电气设备突然爆炸起火或损坏，人在屋内使用电器或打电话时突然遭电击身亡都属于这类事故。

二、闪电的类型

闪电的类型包括线状闪电、带状闪电、片状闪电、火箭状闪电、球状闪电、联珠状闪电等，我们常见的通常是线状闪电。

曲折开叉的普通闪电称为线状闪电。线状闪电的通道如果被风吹向两边，以致形成几条平行的闪电时，则称为带状闪电。闪电的两枝如果同时到达地面，则称为叉状闪电。闪电在云中阴阳电荷之间闪烁，而使全地区的天空一片光亮时，便称为片状闪电。

未到达地面的闪电，也就是同一云层之中或两个云层之间的闪电，称为云间闪电。有时候这种横行的闪电会行走一段距离，在风暴的许多公里外降落地面，这就叫作“晴天霹雳”。

灾情应对：躲避雷电有妙招

一、室内防雷击

1. 不要敞开门窗。对高层建筑物来说，关闭门窗可以预防直击雷和球形雷的侵入。

2. 不要使用淋浴冲凉、洗澡或触摸金属管道。因为当建筑物遭受雷击时，巨大的电流有可能通过水流或管道使淋浴者或触摸者遭到雷击。另外，绝大多数安装在屋顶的热水器未采取合理的防雷措施，雷雨天淋浴极易遭到雷击。

3. 不要靠近建筑物的外墙、门窗、炉子和电气设备，不要打电话，并关闭手机，拔掉室内电源，不要在阳台的铁管或铁丝上晾衣服。建筑物的防直击雷设施保护的是建筑物，并不能防止沿从室外引入建筑物内的金属导体、电线电缆、电话线等侵入的其他形式的雷击危害。当建筑物或其附近落雷时，由于雷电电磁脉冲而引起的感应过电压波便会沿金属管道、电话线、照明电线或户外电视天线的引入线入室，并沿水管、天然气管等金属管道或电气线路入地。当人体靠近或触碰以上物体时，便会遭到雷击。

4. 不要赤脚站在水泥地或泥地上，最好将不导电的物品垫在脚下或坐在木椅上。

二、室外保安全

1. 不要进入临时性的棚屋、岗亭等无防雷设施的低矮建筑物内。低矮建筑物一般都没有防雷设施且大都处于旷野中，遭受雷击的概率特别高。

2. 尽量避免在空旷的地带躲避雷雨，要远离高大建筑物、孤立的大树、高塔、电线杆、广告牌等。

当雷雨来临时，一般不具备防雷知识的人都会跑到大树底下避雨。殊不知，往往是避了雨，却惹来了祸。这是为什么呢？因为当人体与树干或枝叶接触时，强大的雷电流流经树干入地时产生的高电压可以把人击倒；即使人未与大树接触，雷电流流过大树时产生的高电位也足以通过空气对人体放电而造成伤害；或者人虽未与大树接触，也距大树有一定的距离，但由于人站在大树底下，当强大的雷电流通过大树流入地下向四周扩散时，会在不同的地方产生不同的电压，从而因人体两腿之间存在电压差而对人体造成伤害。所以如果万不得已需要在大树底下停留，则必须与树身和枝叶保持两米以上的距离，并且尽可能地下蹲并拢双脚，手放膝上，身向前屈，千万不要躺在地上。如能穿上雨衣，防雷效果更好。

3. 尽量不要骑自行车、摩托车、开车或奔跑，不要把带有金属的东西扛在肩上，因为金属最易导电，易遭雷击。躲在车内是安全的，但一定要把车门关好。

4. 不要在旷野高举雨伞、铁锹、锄头、钓鱼竿、高尔夫球棍、旗杆、羽毛球拍等物体。因为在旷野地带，人体容易成为雷击的目标，如果再高举雨伞等物体，则使人体的有效高度增加，遭受雷击可能性增大。雷雨天处在旷野时，应将这些物体拄在地上。

5. 不要在水面、水田或水陆交界处活动，如钓鱼、划船、游泳、插秧等，也不要在水边停留。这是因为雷电具

有一定的选择性，一方面，水的导电率比较高，较地面其他物体更容易吸引雷电；另一方面，水陆交界处是土壤电阻与水电阻的交汇处，此处会形成一个电阻率变化较大的界面，雷电先导过程容易趋向这些地方。

6. 不要在户外使用手机、对讲机。

7. 不宜停留在建筑物的顶部。因为当雷云逼近建筑物时，便会对建筑物某一点放电，若此时人在建筑物顶部停留，正迎合了雷云选择雷击通道的需要，从而诱发雷击。

8. 不要进行户外球类活动。室外足球场、高尔夫球场等都比较开阔，而且由于参加活动的人员较多，容易遭受雷击。

9. 遇到雷雨时，不要几个人拥挤成堆，人与人之间应拉开几米的距离，以防电流互相传导。

10. 在发生高压电线被雷击断时，人应双脚并拢跳离现场。

三、雷击事故救助

（一）自救措施

1. 雷击事件发生后，若只破坏了物体而未伤及本人身体或伤势较轻，仍然清醒、能动，这时应保持冷静，选择安全地点避险。

2. 在室内遇险时要关闭门窗，远离门窗、水管、煤气管等金属物体，关闭家

用电器，拔掉电源插头，防止雷电波从电源线二次侵入。

3. 在野外避险时，若颈部、手部有蚂蚁爬走感，头发竖起的感觉，说明将要发生雷击，应赶紧趴在地上，并丢掉身上佩戴的金属饰品，如发卡、项链等，以减少遭雷击的危险。

4. 发出求救信息，以方便他人援救。

5. 若受外伤出血，撕下衣物布条，扎住近心部位止血；若骨折，有条件时应找来棍棒夹住并捆扎固定。

（二）互救措施

1. 若发现有人被雷击中，应迅速将其移到安全的地方施救。若伤者在操作电气设备时遭侵入雷电流伤害，且身上还连着电，可使用不导电的物体，使伤者脱离电源后再施救。

2. 若伤者神志清醒，呼吸心跳均自主，应让伤者就地平卧，严密观察，暂时不要让伤者站立或走动，防止继发休克或心衰。

3. 伤者丧失意识时要立即拨打“120”救护，并尝试唤醒伤者。对于呼吸停止、心搏存在者，应让其就地平卧，解松衣扣，通畅气道，立即口对口进行人工呼吸。对于心搏停止、呼吸存在者，应立即做胸外心脏按压。若发现伤者心跳、呼吸已经停止，应立即采取口对口人工呼吸和胸外心脏按压等复苏措施。

预警泥石流

灾情实录：舟曲特大泥石流

2010年8月7日22时左右，甘南藏族自治州舟曲县东北部山区突降特大暴雨，降雨量达97毫米，持续40多分钟，引发三眼峪、罗家峪等四条沟系特大山洪地质灾害。泥石流长约5千米，平均宽度300米，平均厚度5米，总体积750万立方米，流经区域被夷为平地。

舟曲县位于河谷地带，泥石流发生后，不到几分钟的时间就把排洪沟两边的数百间房屋冲毁。舟曲县受灾最为严重的月圆村基本上找不到完整的房屋。在排洪沟的两侧，大部分房屋要么被冲毁，要么被泡在水中。舟曲县城关第一小学在泥石流经过之后，只剩下了一栋教学楼，其余的教室和操场全部被冲毁，而城关镇政府的办公楼则被夷为平地。

据报道，舟曲县内三分之二区域被水淹没，县城部分街道一片汪洋，浸泡在洪水中。

灾害还导致舟曲县超过三分之二的区域供电全部中断；通信基站也受损严重，部分没有受损的基站供电中断，仅靠蓄电池供电传输信号。

舟曲特大泥石流灾害共造成1557人遇难，208人失踪。

灾情概览：泥石流现象探秘

一、泥石流的概念

泥石流，是指在山区或者其他沟谷深壑、地形险峻的地区，因为暴雨、暴雪或其他自然灾害引发的携带大量泥沙以及石块的特殊洪流。泥石流具有突然性以及流速快、流量大、物质容量大和破坏力强等特点。

典型的泥石流由悬浮着粗大固体碎屑物并富含粉砂及黏土的黏稠泥浆组成。在适当的地形条件下，大量的水体浸透流水山坡或沟床中的固体堆积物质，使其稳定性降低，饱含水分的固体堆积物质在自身重力作用下发生运动，就形成了泥石流。泥石流是一种灾害性的地质现象。通常泥石流暴发突然、来势凶猛，可携带巨大的石块，因其高速前进，具有强大的能量，因而破坏性极大。

泥石流流动的全过程一般只有几个小时，短的只有几分钟，是一种广泛分布于世界各国一些具有特殊地形、地貌状况地区的自然灾害。这

是山区沟谷或山地坡面上，由暴雨、冰雪融化等水源激发的、含有大量泥沙石块的介于挟沙水流和滑坡之间的土、水、气混合流。泥石流大多伴随山区洪水发生。它与一般洪水的区别是洪流中含有足够数量的泥沙石块等固体碎屑物，其体积含量最少为15%，最高可达80%左右，比洪水更具有破坏力。

影响泥石流强度的因素较多，如泥石流容量、流速、流量等，其中泥石流流量对泥石流成灾程度的影响最为主要。此外，多种人为活动也加剧了上述因素的作用，促进泥石流的形成。

我国有泥石流沟一万多条，其中大多数分布在西藏、四川、云南、甘肃，多是雨水泥石流，青藏高原则多是冰雪泥石流。中国有70多座县城受到泥石流的潜在威胁。

二、泥石流的形成条件

泥石流的形成条件是：地形陡峭，松散堆积物丰富，突发性、持续性大暴雨或大量冰融水的流出。在地形上具备山高沟深，地形陡峻，沟床纵坡降大，流域形状便于水流汇集的特点。在地貌上，泥石流的地貌一般可分为形成区、流通区和堆积区三部分。上游形成区的地形多为三面环山，一面出口为瓢状或漏斗状，地形比较开阔、周围山高坡陡、山体破碎、植被生长不良，这样的地形有利于水和碎屑物质的集中；中游流通区的地形多为狭窄陡深的峡谷，谷床纵坡降大，使泥石流能迅猛直泻；下游堆积区的地形为开阔平坦的山前平原或河谷阶地，使堆积物有堆积场所。

泥石流常发生于地质构造复杂，断裂褶皱发育，新构造活动强烈，地震烈度较高的地区。地表岩石破碎、崩塌、错落、滑坡等不良地质现象发育，为泥石流的形成提供了丰富的固体物质来源；另外，岩层结构松散、软弱、易于风化、节理发育或软硬相间成层的地区，因易受破坏，也能为泥石流提供丰富的碎屑物来源；一些人类工程活动，如滥伐森林、开山采矿、采石弃渣等往往也为泥石流提供了大量的物质来源。

三、泥石流的危害

因为泥石流具有暴发突然，来势凶猛、迅速的特点，并兼有崩塌、滑坡和洪水破坏的双重作用，所以其危害程度比单一的崩塌、滑坡和洪水的危害更为广泛和严重。据统计，我国有 29 个省（区）、771 个县（市）正遭受泥石流的危害，平均每年泥石流灾害发生的频率为 18 次 / 县，近 40 年来，每年因泥石流直接造成的死亡人数达 3700 余人。据不完全统计，新中国成立后的 50 多年中，我国县级以上城镇因泥石流而致死的人数已约 4400 人，并威胁上万亿财产，由此可见泥石流对山区

城镇的危害之重。目前我国已查明受泥石流危害或威胁的县级以上城镇有 138 个，主要分布在甘肃（45 个）、四川（34 个）、云南（23 个）和西藏（13 个）等西部省区，受泥石流危害或威胁的乡镇级城镇数量更大。

泥石流最常见的危害之一，是冲进乡村、城镇，摧毁房屋、工厂、企事业单位及其他场所设施，淹没人畜、毁坏土地，甚至造成村毁人亡的灾难。1969 年 8 月，云南省大盈江流域弄璋区南拱泥石流，使新章金、老章金两村被毁，97 人丧生，经济损失近百万元。

泥石流可直接埋没车站、铁路、公路，摧毁路基、桥涵等设施，致使交通中断，还可引起正在运行的火车、汽车颠覆，造成重大的人身伤亡事故。有时泥石流汇入河道，引起河道大幅度变迁，间接毁坏公路、铁路及其他构筑物，有时迫使道路改线，造成巨大的经济损失。甘川公路 394 公里处对岸的石门沟，1978 年 7 月暴发泥石流，堵塞白龙江，公路被淹 1 公里，白龙江改道使长约两公里的路基变成了主河道，公路、护岸及渡槽全部被毁。该段线路自 1962 年以来，由于受对岸泥石流的影响已三次被迫改线。由此可以看出，新中国成立以来，泥石流给我国铁路和公路造成了巨大的损失。

灾情应对：注意防护避灾险

一、房屋不建沟道上

受自然条件限制，很多村庄都建在山麓扇形地上。山麓扇形地是历史上泥石流活动的见证，从长远的观点看，绝大多数沟谷都有发生泥石流的可能。因此，在村庄选址和规划建设过程中，房屋不能占据泄水沟道，也不宜离沟岸过近；已经占据沟道的房屋应迁移到安全地带。在沟道两侧修筑防护堤和营造防护林，可以避免或减轻因泥石流溢出沟槽而对两岸居民造成的伤害。

二、冲沟莫当排放场

在冲沟中随意弃土、弃渣、堆放垃圾，将给泥石流的发生提供固体物源，促进泥石流的活动；当弃土、弃渣量很大时，可能在沟谷中形成

堆积坝，堆积坝溃决时必然发生泥石流。因此，在雨季到来之前，最好能主动清除沟道中的障碍物，保证沟道有良好的泄洪能力。

三、保护改善生态链

泥石流的产生和活动程度与生态环境质量有着密切关系。一般来说，生态环境好的区域，泥石流发生的频率低、影响范围小；生态环境差的区域，泥石流发生的频率高、危害范围大。提高小流域植被的覆盖率，在村庄附近营造一定规模的防护林，不仅可以抑制泥石流形成、降低泥石流发生的频率，而且即使发生泥石流，也多了一道保护生命财产安全的屏障。

四、雨季仔细听声响

雨天不要在沟谷中长时间停留；一旦听到上游传来异常的声响，应迅速向两岸上坡方向逃离。雨季穿越沟谷时，先要仔细观察，确认安全后再快速通过。山区降雨普遍具有局部性特点，沟谷下游是晴天，沟谷上游不一定也是晴天，“一山分四季，十里不同天”就是群众对山区气候变化无常的生动描述，即使在雨季的晴天，同样也要提防泥石流灾害发生。

五、监测预警要及时

监测流域的降雨过程和降雨量（或接收当地天气预报信息），根据经验判断降雨激发泥石流的可能性；监测沟岸滑坡活动情况和沟谷中松散土石堆积情况，分析滑坡堵河及引发溃决型泥石流的危险性，若下游河水突然断流，则可能是上游有滑坡堵河、溃决型泥石流即将发生的前兆；在泥石流形成区设置观测点，发现上游形成泥石流后，及时向下游

发出预警信号。

对城镇、村庄、厂矿上游的水库和尾矿库经常进行巡查，发现坝体不稳时，要及时采取避灾措施，防止坝体溃决引发泥石流灾害。

专家提示，泥石流发生前有如下迹象：河流突然断流或水势突然加大，并夹有较多柴草、树枝；深谷或沟内传来类似火车轰鸣或闷雷般的声音；沟谷深处突然变得昏暗，并有轻微的震动感等。

六、卫生防疫有保障

发生泥石流以后，灾区的卫生条件差，特别是饮用水的卫生难以得到保障，首先要预防的是肠道传染病，如霍乱、伤寒、痢疾等。另外，人畜共患疾病和自然疫源性疾病也是此期间极易发生的，如鼠媒传染病（钩端螺旋体病、流行性出血热）、寄生虫病（血吸虫病）、虫媒传染病（疟疾、流行性乙型脑炎、登革热）等。

灾害期间还易发生一些常见的皮肤病，如浸渍性皮炎（“烂脚丫”“烂裤裆”）、虫咬性皮炎、尾蚴性皮炎等。

泥石流后容易导致的意外伤害有：溺水、触电、中暑、外伤、毒虫螫咬伤、毒蛇咬伤、食物中毒、农药中毒等。

专家提醒，泥石流发生后，灾区群众应注意预防传染病。注意饮食和饮水卫生，养成良好的生活习惯是预防传染病的关键。灾区群众要把好“病从口入”关，不喝生水，饭前便后要洗手，不用脏水漱口或洗瓜果蔬菜，不食用发霉、腐烂的食物，淹死、病死的家禽家畜要深埋，掌握“勤洗手、喝开水、吃熟食、趁热吃”的防病口诀。

同时要注意搞好环境卫生，不随地大小便，及时清理粪便和垃圾，不直接用手接触死鼠及其排泄物；此外，室外活动时要尽量穿长衣裤，扎紧裤腿和袖口，防止蚊虫叮咬，暴露在外的皮肤可涂抹驱蚊剂。灾区群众要积极配合卫生防疫人员的消毒工作，在外劳动时应注意防止皮肤受伤。

处置滑坡

灾情实录：可怕的“走山”

2014年8月27日晚上8点30分左右，贵州省黔南州福泉市道坪镇英坪村发生了一起山体滑坡事件。据统计，此次山体滑坡导致山下的小坝组和拦马坳组68户77栋房屋倒塌或被埋，154人受灾。2014年9月1日7时40分左右，随着最后一名失踪人员的遗体被找到，现场搜救工作全部结束。此次山体滑坡共造成23人遇难，22人受伤。

2013年1月11日，云南省镇雄县果珠乡高坡村赵家沟发生一起山体滑坡灾害。滑坡是在一个高位陡坡上发生的，经过10多天持续雨雪天气，陡岩下的堆积体浸泡以后饱和，突然暴发山体滑坡。总计约21万立方米的滑坡体从陡坡上倾泻而下，经过一个平坎之后，拐弯冲向赵家沟，将赵家沟14户民房损毁掩埋，造成46人死亡，2人受伤。

灾情概览：刨根问底看滑坡

山体滑坡是指山体斜坡上某一部分岩土在重力（包括岩土本身重力及地下水的动静压力）作用下，沿着一定的软弱结构面（带）产生剪切位移而整体地向斜坡下方移动的现象，俗称“走山”“垮山”“地滑”“土溜”等，是常见地质灾害之一。

一、山体滑坡的原因

（一）地质和气候等因素

1. 江、河、湖（水库）、海、沟的岸坡地带，地形高度差大的峡谷地区，山区、铁路、公路、工程建筑物的边坡地段等为滑坡形成提供了有利的地形地貌条件。

2. 地质构造带，如断裂带、地震带等易发生滑坡。通常地震烈度大于 7 度的地区，坡度大于 25° 的坡体，在地震中极易发生滑坡；断裂带中的岩体破碎、裂隙发育，则非常有利于滑坡的形成。

3. 易滑（坡）的岩、土分布区，如松散覆盖层、黄土、泥岩、页岩、煤系地层、凝灰岩、片岩、板岩、千枚岩等岩、土的存在，为滑坡的形成提供了良好的物质基础。

4. 在暴雨多发区或异常的强降雨地区，异常的降雨为滑坡发生提供

了有利的诱发因素。

上述地带的叠加区域，就形成了滑坡的密集发育区。我国从太行山到秦岭，经鄂西、四川、云南到藏东一带就是这种典型地区，滑坡发生频率极高，危害非常严重。

（二）人类活动影响

1. 开挖坡脚修建铁路、公路，依山建房、建厂等工程，常常使坡体下部失去支撑而发生下滑。例如我国西南、西北的一些铁路、公路，因修建时大力爆破、强行开挖，事后陆陆续续地在边坡上发生了滑坡，给道路施工、运营带来了危害。

2. 蓄水、排水水渠和水池的漫溢和渗漏，工业生产用水和废水的排放，农业灌溉等，均易使水流渗入坡体，加大孔隙水压力，软化岩、土体，增大坡体容重，从而促使或诱发滑坡的发生。水库的水位急剧变动，

加大了坡体的动水压力，当斜坡支撑不了过大的重量时，就会失去平衡而沿软弱面下滑，引发滑坡。厂矿废渣的不合理堆弃也常常是引发滑坡的重要原因。

随着经济的发展，人类越来越多的工程活动破坏了自然坡体，因而滑坡的发生越来越频繁，并有愈演愈烈的趋势，应加以重视。

二、山体滑坡的前兆

1. 大滑动之前，在滑坡前缘坡脚处，有堵塞多年的泉水复活现象，或者出现泉水突然干枯、井水位突变等异常现象。

2. 在滑坡体中、前部出现横向及纵向放射状裂缝，它反映了滑坡体向前推挤并受到阻碍，已进入临滑状态。

3. 大滑动之前，在滑坡体前缘坡脚处，土体出现上隆现象，这是滑坡明显的向前推挤现象。

4. 大滑动之前，有岩石开裂或被剪切挤压的声响。这种迹象反映了深部变形与破裂。动物对此十分敏感，会有异常反应。

5. 临滑之前，滑坡体四周岩体会出现小型崩塌和松弛现象。

6. 如果在滑坡体上有长期位移观测资料，那么大滑动之前，无论是水平位移量还是垂直位移量，均会出现加速变化的趋势。这是明显的临滑迹象。

7. 滑坡后缘的裂缝急剧扩展，并从裂缝中冒出热气或冷风。

8. 临滑之前，在滑坡体范围内的动物惊恐异常，植物变态。如猪、狗、牛惊恐不宁，不入睡，老鼠乱窜不进洞，树木枯萎或歪斜等。

灾情应对：临阵不慌稳处置

一、积极采取防范措施

1. 选择安全地带修建房屋，不要随意开挖坡脚，不要随意在斜坡上堆弃土石，管理好引水和排水沟渠。

2. 发现滑坡前兆，应立即转移到安全地区，同时通知周边居民撤离并及时向村（居）民委员会、政府有关部门报告。

3. 雨季时切忌在危岩附近停留，不能在凹形陡坡危岩突出的地方避雨、休息或穿行，不能攀登危岩。

4. 夏汛时节，注意收看或收听当地天气预报，不要在大雨或连续阴雨天后仍有雨的情况下进入山区沟谷。

5. 暴雨时及久雨后一定要远离滑坡多发区，避开陡峭的悬崖，避开有滚石和大量堆积物的山坡或山谷、沟底，避开植被稀少的山坡。

6. 在野外一旦遭遇暴雨，要迅速转移到安全的高地，不要在低洼的谷底或陡峻的山坡下躲避、停留。

二、逃生自救方法

1. 发生滑坡时，要保持沉着冷静，迅速判断出正确的逃生方向，注意保护好头部，向滑坡方向的两侧逃离。

2. 要朝垂直于滚石前进的方向跑，不要朝着滑坡方向跑。

3. 逃离时，应迅速抱住身边的树木等固定物体，可躲避在结实的障碍物下。

4. 不要将避灾场地选择在滑坡的上坡或下坡。

5. 滑坡停止后，应继续待在安全区域，避免连续发生滑坡，二次遇险。

警惕危化品

灾情实录：爆炸猛如虎

2020年2月11日19时50分左右，位于辽宁葫芦岛经济开发区的某农业科学有限公司烯草酮车间发生爆炸事故，造成5人死亡、10人受伤，直接经济损失约1200万元。爆炸原因是烯草酮工段操作人员未对物料进行复核确认，错误地将丙酰三酮加入到氯代胺储罐内，导致丙酰三酮和氯代胺在储罐内发生反应，放热并积累热量，使物料温度逐渐升高，最终导致物料分解、爆炸。

2020年4月30日8时30分，内蒙古鄂尔多斯市某公司化产回收车间冷鼓工段2#电捕焦油器发生燃爆事故，造成4人死亡，直接经济损失843.7万元。爆炸原因是作业人员违反安全作业规定，在2#电捕焦油器顶部进行作业时，未能有效切断煤气来源，导致煤气漏入2#电捕焦油器内部，与空气形成易燃易爆混合气体，遇到作业过程中产生的明火，发生燃爆。

灾情概览：认清危害抓预防

一、危险化学品的分类

1. 爆炸品：是指在外界作用下（如受热、摩擦、撞击等）能发生剧烈的化学反应，瞬间产生大量的气体和热量，使周围的压力急剧上升，发生爆炸，对周围环境、设备、人员造成破坏和伤害的物品。

2. 压缩气体和液化气体：指压缩的、液化的或加压溶解的气体。

3. 易燃液体：在常温下易挥发和燃烧，其蒸气与空气混合能形成爆炸性混合物的液态物质。

4. 易燃固体、自燃物品和遇湿易燃物品：这类物品易引起火灾。

5. 氧化剂和有机过氧化物：具有强氧化性，易引起燃烧、爆炸。

6. 毒害品：指进入人（动物）肌体后，累积达到一定的量，能与体液和器官组织发生生物化学作用或生物物理作用，扰乱或破坏肌体的正常生理功能，引起某些器官和系统暂时或持久性的病理改变，甚至危及生命的物品。

7. 放射性物品：指具有极强放射性的物质，这类放射性物品发出的射线，会伤害人的身体健康。

8. 腐蚀品：指能灼伤人体组织并对金属等物品造成损伤的固体或液体。

二、危险化学品存在哪些危险因素

1. 易燃易爆品：可能对人体造成烧伤、爆炸伤。

2. 易发热的危险品：可能使人烫伤。

3. 有毒化学品：使用或者保管不当，可能使人中毒。

4. 腐蚀性化学品：接触时可能腐蚀人体。

三、危险化学品企业如何保障生产安全

1. 运营企业必须依法设立，做到证照齐全有效。

2. 必须建立健全并严格落实全员安全生产责任制，严格执行领导带班值班制度。

3. 必须确保从业人员符合录用条件并培训合格，依法持证上岗。

4. 必须严格管控重大危险源，严格变更管理，遇险科学施救。

5. 必须按照《危险化学品企业事故隐患排查治理实施导则》要求，及时排查治理隐患。

6. 严禁设备设施带病运行和未经审批停用报警联锁系统。

7. 严禁可燃和有毒气体泄漏等报警系统处于非正常状态。

8. 严禁未经审批进行动火、进入受限空间或高处、吊装、临时用电、动土、检维修、盲板抽堵等作业。

9. 严禁违章指挥和强令他人冒险作业。

10. 严禁违章作业、脱岗和在岗做与工作无关的事。

四、危险化学品应如何储存

1. 避免阳光直射，远离火源、热源、电源及产生火花的环境。

2. 爆炸品：黑色火药类、爆炸性化合物应分专库储存。

3. 压缩气体和液化气体：易燃气体、不燃气体和有毒气体分专库储存。

4. 易燃液体均可同库储存，但甲醇、乙醇、丙酮等应专库储存。

5. 易燃固体可同库储存，但发孔剂 H 与酸或酸性物品应分别储存；硝酸纤维素酯、安全火柴、红磷及硫化磷、铝粉等金属粉类应分别储存。

6. 自燃物品：黄磷，烃基金属化合物，浸动、植物油制品须分专库储存。

7. 氧化剂和有机过氧化物，一、二级无机氧化剂与一、二级有机氧化剂必须分别储存，但硝酸铵、氯酸盐类、高锰酸盐、亚硝酸盐、过氧化钠、过氧化氢等必须分专库储存；遇湿易燃物品采用专库储存。

五、如何保障危险化学品使用安全

1. 改革工艺技术，采用安全的生产条件，防止和减少毒物溢出（逸散）。

2. 以密闭、隔离、通风操作代替敞开式操作。

3. 加强设备管理，杜绝跑、冒、滴、漏。

4. 配备专用的劳动防护用品和器具，专人保管，定期维护，保持完好。

5. 严禁直接接触剧毒化学品，不准在生产、使用场所饮食。

6. 正确穿戴劳动防护用品，工作结束后必须更换工作服，清洗后方可离开作业场所。

六、危险化学品安全防范要领

1. 非工作人员严禁进入危险品库房、实验室、锅炉房、配电房、配气房等要害部位。

2. 各种安全防护装置、照明、信号、监测仪表、警戒标记、防雷、报警装置等设备要定期检查，不得随意拆除和非法占用。

3. 易燃易爆、剧毒、放射、腐蚀和性质相抵触的各类物品必须分类妥善存放，严格管理，保持通风良好，并设置明显的标志。

4. 易燃易爆化学品必须专人保管，保管员要详细核对产品名称、规格、牌号、质量、数量、查清危险性质。遇有包装不良、质量异变、标号不符等情况，应及时进行安全处理。

5. 忌水、忌沫、忌晒的化学危险品不准在露天、低温、高温处存放。

6. 易燃易爆化学危险品库房周围严禁吸烟和明火作业。库房内物品应保持一定的间距。

7. 用玻璃容器盛装的化学危险品须采用木箱搬运，严防撞击、振动、摩擦、重压和倾斜。

8. 进行定期和不定期的安全检查，查出隐患要及时整改和上报。

灾情应对：多措并举施实策

一、事故预防

1. 了解所使用的危险化学品的特性，不盲目操作，不违章使用。

2. 妥善保管身边的危险化学品，做到标签完整，密封保存；避热、避光、远离火种。

3. 居室内不要存放危险化学品。

4. 乘船、乘车时不携带危险化学品。

5. 严防室内积聚高浓度易燃易爆气体。

二、应急避险救护

一旦发生危险化学品爆炸、泄漏事故，必须采取果断措施，做好救护处置。

1. 迅速背朝爆炸冲击波传来的方向卧倒，脸部朝下，头放低，在有水沟的地方最好侧卧在水沟边。如在室内可就近躲避在结实的桌椅下。

2. 躲避爆炸冲击波时要张开嘴巴，避免爆炸所产生的强大冲击波击穿耳膜，造成永久性耳聋。

3. 爆炸发生后要屏住呼吸，避免吸入爆炸产生的有毒有害气体，逃生时以低姿势为好；不乱跑乱窜，不大喊大叫；用毛巾或衣服捂住口鼻。

4. 检查伤者受伤情况，迅速清除伤者气管内的尘土、沙石，防止窒息；对伤者采取止血、包扎、固定、心肺复苏等救护措施。

5. 对有害气体吸入性中毒者，应立即将中毒者搬离染毒区域，搬至空气新鲜的地方，除去中毒者口鼻中的异物，解开衣物，同时注意保暖。

对于严重者，应进行输氧或者人工呼吸。

6. 对皮肤黏膜沾染接触性中毒者，马上离开毒源，卸下随身装备，脱去受污染的衣物，用清水冲洗体表。

7. 对食物中毒者，用催吐、洗胃、导泻等方法排除毒物，现场可用手指、羽毛、筷子、压舌板触摸患者咽部，使其将毒物呕吐出来，但强酸强碱中毒者或意识不清醒者忌用。

8. 眼内含有毒物者，迅速用生理盐水或清水冲洗。酸性毒物用 2% 碳酸氢钠溶液冲洗，碱性毒物用 3% 硼酸溶液冲洗。无药液时，用微温清水冲洗。

9. 窒息现场急救。脱离不良环境，松开患者身上过紧的衣服，使呼吸道顺畅；轻拍患者背部或用手指清除患者口、鼻、呼吸道中的分泌物和异物；使用人工呼吸或者面罩吸氧；进行胸外心脏按压，建立静脉通道。

10. 烧伤现场急救。当有人发生烧伤时，应迅速将伤者衣服脱去（顺衣缝剪开），行“创面冷却疗法”；不要任意弄破水泡，用清洁布覆盖创伤面，避免伤面污染；伤者口渴时，可口服淡盐水或烧伤饮料。

11. 化学性眼烧伤现场急救。要在现场迅速用清水进行冲洗。应使用流动的清水，冲洗时将眼皮掰开，把裹在眼皮内的化学品彻底冲洗干净；现场若无冲洗设备，可将头埋入清洁的盆水中，掰开眼皮，让眼球来回转动进行洗涤；若电石、生石灰颗粒溅入眼内，应当先蘸石蜡油或植物油的棉签去除颗粒后，再用清水冲洗。

居家与出行

灾情实录：身边的危险

2020 年 11 月 23 日晚 11 点 30 分左右，蚌埠市 120 急救调度指挥中心接到一名居民的求助电话。该居民发现家人在使用燃气热水器洗澡时，出现了头晕、恶心、呕吐的症状，怀疑是一氧化碳中毒。接到求助电话后，蚌埠市 120 急救调度中心工作人员第一时间安排急救车组赶往患者家中。经急救医生评估，患者夫妇及其 1 岁多的小女儿症状较为严重，急需转送至医院使用高压氧治疗。急救医生表示，本次事故的原因可能是一家五口人在家给孩子洗澡时，燃气热水器使用不当，而门窗又封闭得比较严实，发生了一氧化碳中毒，好在他们的家人及时发现，否则后果不堪设想。

2015 年 7 月 15 日 18 时许，沈阳市和平区某大厦写字楼一员工电梯突发事故，电梯厢从 27 层开始向下坠落，一直坠落到 1 层。截至 7 月 16 日，有 12 人受伤被送进医院，多为腰部、腿部骨折。27 岁的小李在妈妈的陪同下躺在病床上，向记者讲述了电梯坠落的惊魂一幕。那天晚上，小李和同事们照常坐电梯下班回家，位于电梯外侧的同事按下 1 楼按钮，电梯门关上后，刚开始下降便开始左右摇晃着向下坠落。电梯门两边冒着火光，伴随着“咣”的一声巨响，电梯厢坠落到了一楼，电梯内的人都倒在地上动弹不得。

2021 年 11 月 27 日 2 时 43 分，王某驾驶重型半挂牵引车，沿 G322 国道线由西往东行驶至柳州市柳江区里高镇板六村兴龙屯路段时，车辆在直行的过程中，车辆前部与同向前方由班某驾驶的重型半挂牵引车尾部发生碰撞，碰撞后班某所驾驶车辆被往前推行，车头前部再与同向前方由朱某驾驶的重型半挂牵引车尾部发生碰撞，造成王某和搭乘的雷某死亡、三车不同程度损坏的道路交通事故。经查，王某超速驾驶机件不符合技术标准的机动车，且在同车道行驶中不按规定与前车保持必要的安全距离是造成事故的主要原因。班某超载驾驶机件不符合技术标准的机动车是造成事故的次要原因。

2009 年 12 月 7 日 晚 9 点多，湖南省湘潭市某中学发生一起校园踩踏事件，导致 8 人罹难、26 人受伤。调查结果显示，导致事故的主要原因有四个方面：一是学校只安排了一名现场看守人员进行安全巡查与现场管理；二是学生安全意识不强，在楼梯间拥挤；三是因为下雨，大部分学生涌向与宿舍楼靠近的一号楼梯回宿舍；四是学校没有开展过类似的应急演练，也没有在楼梯间安装应急灯与警示标志。

灾情概览：各类风险需当心

一、触电事故

触电是指人体直接接触电源或高压电经过空气或其他导电介质传递电流，电流通过人体而对人体造成损伤的事故。

常见的触电事故有以下几种：

1. 人体直接触及相线

这类触电事故又可以分为单相触电和两相触电。

单相触电是指人站在地面或其他接地导体上，人体某一部位触及一

相带电体而发生的触电事故。单相触电是最常见的触电方式。

两相触电是指人体两处同时触及两相带电体而发生的触电事故。

2. 人体触及意外的带电体

产生意外的带电体有以下几种情况：正常情况下不带电的电气设备的金属外壳、构架，因绝缘损坏或短路而带电；因导线破损、漏电、受潮或雨淋而使自来水管、建筑物的钢筋、水渠等带电。人体触及这些意外的带电体，就会造成触电，触电情况和直接触及相线类似。

3. 放电及电弧闪烁引起的触电

当人体过分接近带电体，其间的空气间隙小于最小安全距离时，一旦空气间隙的绝缘被击穿，就会造成带电体对人体电弧放电，使人遭受损伤。这类触电事故多发生在检修电气设备时违章作业的场合，例如误拉、合闸，带负荷拉隔离开关，人体过分接近带电体等。电弧闪烁到人体会使人体灼伤和触电，同时有可能使受害者倒向带电体而造成危险。

4. 跨步电压触电

当发生带电体碰地、导线断落在地面或雷击避雷针在接地极附近时，会有接地电流或雷击放电电流流入地下，电流在地中呈半球面向外散开。当人走进这一区域时，便有可能遭到电击。这种触电方式称为跨步电压触电。

人受到跨步电压作用时，电流从一只脚经过腿、胯部流到另一只脚而使人遭到电击，进而人体可能倒卧在地，使人体与地面接触的部位发生改变，有可能使电流通过人体的重要器官而造成严重后果。离接地点越远，电位越低，遭跨步电压电击的危险越小。一般认为离接地点 20m 以外，其电位为零。

二、煤气中毒

煤气中毒，也称一氧化碳中毒，是指含碳物质不完全燃烧，产生无色、无味、无刺激的窒息性气体一氧化碳，经呼吸道吸入机体后与血红蛋白结合，使血红蛋白携氧能力和作用丧失，引起机体缺氧表现，造成中枢神经系统功能损害为主的多脏器病变的中毒事故。

1. 煤气中毒的分类

根据中毒程度可分为三类：轻度中毒、中度中毒和重度中毒。

轻度中毒：血液中的碳氧血红蛋白浓度在 10%~20% 之间，表现为头晕、头痛、恶心、呕吐等症状，离开中毒环境，吸入新鲜空气后，短时间即可恢复，通常没有后遗症。

中度中毒：血液中的碳氧血红蛋白浓度在 30%~40% 之间，上述症状会加重，同时会出现面色潮红、多汗、走路不稳、呼吸困难、意识障碍等症状，恢复后无明显后遗症。

重度中毒：血液中的碳氧血红蛋白浓度通常可超过 50%，患者表现更加严重，处于深度昏迷状态，治疗不及时可发生脑水肿、休克等并发症，病死率比较高。

2. 煤气中毒的原因

煤气中毒主要是居家生活中未正确使用取暖炉具、煤气泄漏、居室通风不良等导致的。在日常生活中，在室内使用煤球炉、煤气取暖器，或在室内使用炭火烧烤，且未注意室内通风，或者长时间待在开放空调且未通风的车内，均容易导致一氧化碳中毒；家庭使用的煤气灶具老化、阀门损坏、连接的皮管老化或脱落，忘记关煤气灶开关或者没将开关关紧，火焰被风吹灭却未及时发现也可导致意外。

三、电梯事故

电梯事故是指电梯从安装到运行的各个环节中，发生的意外损害事件。

电梯人身伤害事故主要有以下几种：

1. 坠落：比如因层门未关闭或从外面能将层门打开，轿厢又不在此层，造成受害人失足坠入井道。

2. 剪切：比如当乘客踏入或踏出轿门的瞬间，轿厢突然起动，使受害人在轿门与层门之间的上下门坎处被剪切。

3. 挤压：常见的挤压事故，有的是受害人被挤压在轿厢围板与井道壁之间；有的是受害人被挤压在底坑的缓冲器上。

4. 撞击：经常发生在轿厢冲顶或蹲底时，使受害人的身体撞击到建筑物或电梯部件上。

5. 触电：受害人的身体接触到控制柜的带电部分，或在施工操作中，人体触及设备的带电部分及漏电设备的金属外壳。

四、交通事故

交通事故，是指在行车过程中发生的交通事故，它具有突发性、不可预知性、多因素性和危害性。交通事故的危害不仅涉及人身安全，还会对公共安全和社会稳定造成不利影响。

造成交通事故的因素主要有以下几种：

1. 客观因素：道路、气象等原因，导致交通事故的发生。

2. 车况不佳：车辆技术状况不良，尤其是制动系统、转向系统、前后桥有故障，没有及时检查、维修。

3. 疏忽大意：驾驶者由于心理或者生理方面的原因，精力分散、反应迟钝，导致观望不周、措施不及或者不当；还有些驾驶者依靠自己的主观想象判断或者过高估计自己的技术，过分自信，对前方、左右车辆、行人形态、道路情况等未判断清楚就盲目通行。

4. 操作失误：驾驶者技术不熟练，经验不足，缺乏安全行车常识，未掌握复杂道路行车的特点，遇到突发情况惊慌失措，发生操作错误。

5. 违反规定：驾驶者由于不按交通法规和其他交通安全规定行车，导致交通事故发生。如酒后开车、非驾驶人员开车、超速行驶、争道抢行、违章装载、超员、疲劳驾驶等。

五、踩踏事故

踩踏事故，是指在聚众集会中，特别是在整个队伍产生拥挤时，有人跌倒后，不明真相的人群依然在前行，对跌倒者产生踩踏，从而产生惊慌、加剧的拥挤和新的跌倒人群，形成恶性循环的群体伤害事件。

虽然名为踩踏事故，但对多数造成死亡的踩踏事故而言，遇难者大多是因为窒息死亡的。

1. 事故发生的原因

（1）人群较为集中时，前面有人摔倒，后面未留意，没有止步。

（2）人群受到惊吓而产生恐慌，如听到爆炸声、枪声后，出现失控局面，在无组织无目的的逃生中，相互拥挤踩踏。

（3）人群因过于激动、兴奋或愤怒而出现骚乱，也易发生踩踏。

（4）因好奇心驱使，专门找人多拥挤处去探索究竟，造成人员过于集中而发生踩踏。

2. 易发生踩踏事故的场所

踩踏事故常发生在空间有限、人群又相对集中的场所。例如学校、车站、机场、广场、球场等人员聚集的地方，商场、狭窄的街道、室内通道或楼梯、影院、酒吧、夜总会、彩票销售点、超载的车辆、航行中的轮船等也都隐藏着潜在的危险。

3. 出现踩踏事故的后果

一旦出现踩踏事故，后果是十分严重的。因为人的呼吸是需要胸腔扩张来完成的，而当发生踩踏事故时，由于人被压着，胸部会受到严重的挤压，根本没办法扩张，在短短的几分钟内，就可能会因为无法呼吸而死亡。

灾情应对：千方百计保安全

一、触电预防与处理

（一）小心谨慎防触电

用电有学问，防触电就是保生命。在抓好用电安全教育的基础上，还要注重细节：

1. 铺设暗线时应加绝缘套管。

2. 不能用普通胶布代替绝缘胶布修补电线接头。

3. 保险丝选择要匹配，不能用铜线或铁丝代替。

4. 不能用湿手或湿布更换、擦拭灯具。

5. 电扇、洗衣机、电冰箱、微波炉等电器要用三相插头，并安装地线。

6. 电闸箱一定要安装漏电保护器。

7. 当发现电热毯有开关破裂、电源线损伤、发热等情况时，应停止使用。

8. 电熨斗通电后温度可达 700℃，在熨烫衣服的间歇应竖起放置，不可平放，断电后要等冷却后再收起。

9. 所有电器使用前要了解电线的粗细，看是否能承受与之相当的载荷，要求接零或接地的电器不得改用两相插座。

10. 老化的电器要及时更换、维修，更换时注意切断电源。

11. 提防孩子将手伸进插头中，在插座上安装防护套。

（二）触电事故的应急处理

1. 发现有人触电，首先使触电者迅速脱离电源，千万不要用手去拉触电人，赶快拉断开关，断开电源，或用干燥的木棒、竹竿挑开电线，或用有绝缘柄的工具切断电线。

2. 将脱离电源的触电者迅速移至通风干燥处仰卧，松开上衣和裤带，观察触电者有无呼吸，摸一摸颈动脉有无搏动。

3. 用正确的人工呼吸和胸外心脏按压法进行现场急救，同时及时拨打 120 急救电话，呼叫医务人员尽快赶到现场进行救治。

二、煤气中毒预防与急救

（一）煤气中毒的预防

1. 尽可能避免在密闭室内或空间使用燃气热水器、燃气炉灶以及生炉取暖，使用时要及时开窗通风，保持室内空气流通，同时可以安装一氧化碳中毒警报装置，浓度过高可以及时报警。

2. 定期维护煤气管道，防止煤气管道漏气。如果使用燃气热水器，要按时检查线路和阀门，保证燃气热水器没有发生故障。

3. 规范安装热水器，不要将热水器安装在浴室里。经常清洗以及检查脱排油烟机的翻盖，使其保持开启自如，以避免废气倒灌。

4. 不可将煤气用具移至室内取暖，或在室内享用炭块烧烤的时间不宜过长，且要注意通风。

5. 进入一氧化碳高浓度环境时，要关闭气源，打开门窗，并戴好防毒面具或用湿毛巾捂住口鼻。

（二）煤气中毒的应急处理

煤气中毒发生后，应急处理十分重要，可按下述步骤进行操作：

1. 立即打开门窗通风，切断污染气体来源，迅速将中毒者转移至空气新鲜流通处，让中毒者卧床休息，松开中毒者的衣领，保持安静，注意中毒者的保暖，密切观察中毒者意识状况。

2. 确保中毒者呼吸道通畅，对神志不清者应将其头部偏向一侧，以防呕吐物吸入呼吸道导致窒息。

3. 对昏迷或抽搐者，在头部放置冰袋，以减轻脑水肿。

4. 注意观察中毒者病情变化。轻度中毒者，经数小时的通风后即可恢复，也可给予氧气吸入；对于中度及重度中毒者，应积极给予常压口罩吸氧治疗，有条件时应给予高压氧治疗，并尽快打电话向急救中心呼救，在转送医院的途中，一定要严密监测中毒者的神志、面色、呼吸、心率、血压等病情变化；对于呼吸停止者，要立即进行人工呼吸，并给予呼吸兴奋剂治疗。

5. 进行现场抢救时，也要防止自身中毒，必要时须配戴有效的防护口罩或面具。

6. 预防中毒性脑水肿和迟发性神经精神并发症，可作面罩加压给氧或高压氧治疗。

三、乘坐电梯讲安全

电梯事故时有发生，怎样才能保证乘坐电梯的安全呢？下面介绍一些乘坐电梯的安全知识。

（一）请勿同时将上行和下行方向的按钮都按亮

呼叫电梯时，乘客仅需要按所去方向的按钮，请勿同时将上行和下行方向的按钮都按亮，以免造成无用的轿厢停靠，降低大楼电梯的总输送效率。同时这样也是为了避免安全装置错误动作，造成乘客被困在轿厢内，影响电梯正常运行。

（二）不要在电梯里蹦跳，有可能导致电梯紧急停止

不要在电梯里蹦跳。电梯轿厢上设置了很多安全保护开关。如果在轿厢内蹦跳，轿厢就会严重倾斜，有可能触发保护开关动作，使电梯进入保护状态。这种情况一旦发生，电梯会紧急停止，造成乘梯人员被困。

（三）尽量不要用身体挡门

进电梯门时很多人习惯用身体挡门，虽然没有危险，但如果时间过长，电梯控制部分会认为电梯出了故障，可能会报警，甚至停下来。所以比较正确的做法是进电梯以后，按着开门按钮。

特别需要提醒的是，站在电梯门处，挡着电梯门，这样做是很危险的。因为电梯里面是安全的，外面也是安全的，但是如果站在这两个空间交界

的地方，当轿厢突然上升或下降，也就是发生了大家俗称的“开门走车”的情况时，这个人就会受到剪切。所以这是一个非常危险的位置，不应该在这个交界的地方停留。

（四）电梯坠落时首先固定自己的身体

当发生电梯坠落事故时，首先要固定自己的身体。这样发生撞击时，不会因为重心不稳而造成摔伤。其次是要利用电梯墙壁作为脊椎的防护，紧贴墙壁可以起到一定的保护作用。最重要的，可以借用膝盖弯曲来承受重击压力。这是因为韧带是人体唯一富含弹性的组织，比骨头更能承受压力。因此，当发生电梯坠落事故时，背部紧贴电梯内壁，膝盖弯曲，脚尖踮起的动作才是正确的。

（五）被困到电梯里的自救措施

当电梯紧急停止运行后，电梯还有好几套可靠周密的保护装置来保护乘客的安全，不必担心它会继续往下掉。突然停梯的原因有很多种，在不知晓原因之前，任何自己设法逃离的行为都属冒险举动。在刚刚被困时，如果电梯内没有报警电话，可拍门叫喊或用鞋子敲门。如果长时间被困，最安全的做法是保持镇定，保存体力，等待救援。在向外发出求救信息后，要在专业人员的指导下采取相关措施，不可擅自采取撬门、扒门等错误的自救行动，应该在电梯内静待专业人员开门救援，在专业人员的指导下快速离开电梯。

（六）如发现电梯开门运行等情况请不要乘坐

如发现电梯开门运行、电梯轿厢地板与楼层不平齐情况，说明电梯出现了故障，请停止乘坐，等待有关部门处理。

（七）发生火灾时不要乘坐电梯

发生火灾时，禁止使用电梯逃生，应选择楼梯安全出口逃生。

（八）电梯运行中突然停电

电梯运行中如遇到突然停电或供电线路出现故障，电梯会自动停止运行，不会有什么危险。因为电梯本身设有电气、机械安全装置，一旦停电，电梯的制动器会自动制动，使电梯不能运行。另外，供电部门如有计划停电，会事先通知，电梯可提前停止运行。

（九）电梯运行突然加快

电梯的运行速度不论是上行还是下行，均应在规定的额定速度范围内运行，一般不会超速。如果出现超速，在电梯控制系统内设有防超速装置，此时，该装置会自动动作，使电梯减速或停止运行。

（十）电梯的厅门不能扒开

电梯的厅门在厅外是不能扒开的，必须用专用工具才能开启(专用工具由维修保养人员管理)。乘客不准扒门，更不能打开，否则会有坠落井道的危险。

（十一）电梯有异常振动、剐蹭现象

当您在乘坐电梯时，发现电梯出现异常振动、抖动、剐蹭时，应按下操纵盘上的红色急停按钮，使电梯停止，并及时通报电梯维修保养人员。

（十二）电梯出现紧急情况可拨打 110

当电梯出现紧急事故，有伤人、困人(人员被困在电梯轿厢内，无法找到电梯维修保养人员)的情况，均可拨打 110 报警电话。

四、行车安全要牢记

（一）行车安全常识

1. 高速公路安全行车

高速公路上的交通事故发生率是非常高的，主要原因有超速、违章停车、装载违章、疲劳驾驶、机件故障等。在高速公路上开车需要格外注意：

（1）进高速前仔细检查

必须检查车辆的轮胎、燃料、润滑油、制动器、灯光装置、故障车警告标志牌、灭火器等装置，应齐全有效。

（2）遵守车距的规定

同一车道的后车与前车必须保持足够的行车间距。正常情况下，当时速 100 公里时，行车间距应在 100 米以上；时速 70 公里时，行车间距应在 70 米以上。不准骑、压车道分界线行驶和在超车道上连续行驶。

（3）前方情况早做准备

在保证安全行驶速度和与前车间距的前提下，遇有这些情况时，应当避让并减速行驶，变更至无障碍车道缓速通过。变更车道时，必须提前开启转向灯，夜间还须变换使用远、近光灯，确认与要进入的车道前方车辆以及后方来车均有足够的行车间距后，再驶入需要进入的车道。

（4）遇到故障规范停车

在行驶中，车辆因故障需要临时停车检修时，必须提前开启右转向灯驶离行车道，停在紧急停车带内或者右侧路肩上，绝对不能在行车道上修车；机动车修复后需返回行车道时，应当先在紧急停车带或者路肩上提高车速，并开启左转向灯；进入行车道时，不准妨碍其他车辆的正常行驶。

机动车因故障、事故等原因不能离开行车道或者在路肩上停车时，驾驶员必须立即开启危险报警闪光灯，并在行驶方向的后方一百米处设置故障车警告标志，夜间还须同时开启示宽灯和尾灯。驾驶员和乘车人应迅速转移到右侧路肩上或者紧急停车带内，并立即报告交通警察，转移过程中要注意避让正常行驶的车辆。

2. 雨天行车安全提示

雨天行车时一定要提高警惕，牢记以下注意事项：

（1）如果涉水深度超过前保险杠，行车时应该多警惕。检查时如果发现空滤潮湿或者进水，应该赶快停车检查，避免发动机进水。

（2）如果涉水深度超过发动机舱盖，建议不要再行驶，立即熄火停车，否则容易发生“气门顶”。如果过水时熄火，千万不要尝试再打火启动。

（3）不要高速过水沟、水坑，这样会产生飞溅，导致实际涉水深度加大，容易造成发动机进水。

（4）在积水处不要左闪右避。看到水就闪或者马上踩刹车放慢速度，这是一般人的通病。实际上这两种方法都非常危险。左闪右避反而容易使后面的司机产生误解，造成意外。

（5）保持足够的安全距离。由于雨天汽车的刹车距离会加长，所以行车时应保持一定的安全距离。

（6）雨刮器最好一年一换。如果雨刮器的扫水能力下降，雨天行车将很难观察路面情况。特别是高速行驶时，雨刮片向上浮起，扫水能力更差。另外，夜雨中行车，没有刮净的雨滴会在灯光下产生各种反射光，使前方视野模糊，容易引发事故。

（7）给车玻璃上点蜡。如果玻璃清洁剂中含有一些蜡质，使用后可以在玻璃表面形成蜡膜，雨刮器扫水会非常彻底，还可以保护玻璃。

（8）定期检查前风挡处的防水槽排水是否通畅，避免雨天积水造成发动机进水，防止车载电脑短路。

（9）定期检查轮胎磨损情况，及时更换。轮胎磨损过度，容易在胎面和水面间形成水膜，致使汽车跑偏、甩尾和制动距离加长。

（10）并线时要多观察。很多车的外后视镜没有自动加热功能，雨天在外后视镜上积留的雨滴容易造成驾驶员视线盲点，除了及时清洁外后视镜之外，并线时司机也要多看多注意。

（11）雨夜、阴天行车，要及时打开夜间行车灯。夜晚行车视野较差，为了防止后面的车追尾，应及时开启夜间行车灯；另外在阴天、雨雾较重、可视性较差的雨天，也应及时打开夜间行车灯。

（12）加装天窗时注意排水系统。天窗漏雨是件很讨厌的事，但是天窗的排水系统密封在车顶，所以平常不易检查。一般天窗的排水管会甩到C柱位置，有时也会放在B柱位置，加装天窗时一定要注意排水系统安装的正规，否则雨天就只能享受“天雨”了。

（13）雨天停车时不要关闭发动机。虽然发动机盖防雨，但难免留有空隙及地面溅起的水花淋湿点火系统，造成雨后发动机无法启动。

（14）雨天驾车不要降低胎压。有人根据经验，在雨天行车前放掉轮胎内的一部分空气，使轮胎变扁，以增大接触面、增加摩擦力、防止滑胎。但这种做法不可取。减少轮胎内的气体以增加摩擦系数的作用十分有限。汽车在雨中刹车时，最重要的是要有足够的压强把轮胎与路面间的雨水排开，让汽车停稳。而轮胎触地面积变大，对地面单位面积的压强减小，刹车时力量减弱，不能很快将轮胎与地面间的雨水排出，会导致滑行距离变长。

（15）路面沙土更容易滑胎。在初下雨时，尤其是下毛毛雨时，路面灰尘及沙土还没有被完全冲洗干净，吸了水分的沙土就变为黏土，非常容易滑胎，行车时应该注意。待雨下过一阵，沙土被完全冲洗掉，路况会好一些。

（16）对于水深浅未知的路段，应下车巡视或者等待。水深超过排气管，容易造成车灭火；水深超过保险杠，容易从空滤、进气口进水。对于水深浅未知的路段，最好下车巡视或者等待，以免造成发动机熄火。

3. 雾天安全行车

雾天驾驶员必须谨慎驾驶，应注意以下几个方面的问题。

（1）利用各种车灯提高能见度

行车中打开前后雾灯、尾灯和前照灯（近光）；尤其是雾灯，对安全行车非常重要。

（2）正确操纵控制车辆

雾天行车，应该将车速降至最低限速，使制动距离控制在可见的距离之内，以防追尾。

（3）适时停靠车辆

大雾的能见度降低至200米以下时，驾驶员看不见前车，只能依赖前车尾灯行进，这是容易出现车祸的信号。此时最安全的方法是将汽车驶向最近的停车场暂避。

当能见度小于50米时，尽量不要开车外出，这样最安全。

4. 行车安全八忌

（1）忌“单手走天涯”

驾车时单手握方向盘，例如边打电话边开车、边抽烟边开车等坏习惯会造成安全隐患。正确的方法是双手不离方向盘，保持正确的驾车姿势，换完挡后，要立即握回方向盘，确保汽车在操控之下。

（2）忌跟车太近

与前车的距离太近，驾驶视野会被遮挡，无法清楚地观察前方的交通状况，一旦发生紧急事故，无法做出最快、最敏捷的反应，甚至因刹车距离太近，不可避免地撞上前车，引起交通意外。正确的方法是跟车距离要适当拉长，以免驾驶视野受阻，要留给驾驶员足够的反应时间。

（3）忌眼光短浅

保持车速平均，不要突然加速或突然减速。顺畅地开车，要有预见性，及早观察前方的交通情况，预先做准备，放慢车速，避免紧急制动。要习惯以油门来控制车速，控制油门的动作要柔顺。谨记：制动是用来减速停车的，并非控制车速。

（4）忌心慌

做好心理准备，不要紧张，紧张容易造成心慌，导致该做的动作不敢做，该走时却不敢走，该停时又停不了，容易引发事故。

（5）忌急躁

驾车要胆大心细，急躁不得。情绪急躁，容易顾此失彼，造成操作失误。

（6）忌快车

“你快我快，你慢我慢，你停我停”，能目测前车车速，并与之保持好安全距离才是真本领，才是安全的保证。

（7）忌赌气

驾车初期驾技不熟，常会“受气”，千万不能意气用事，要有修养，意气用事就等于肇事。

（8）忌贪时

驾车兴致高是正常的，但过度兴奋，会分不清驾驶行为的正确与否。驾车时间过长也没好处，心理、身体疲劳，容易导致交通事故。

5. 行车安全排故

（1）制动失灵

制动失灵时，要保持冷静，切莫惊慌失措。如果汽车在平坦的道路上行驶时制动失灵，要立即停止供油，并在控制好车辆行驶方向的同时迅速减挡，利用发动机的制动作用降低车速。在换低挡位的同时应使用手刹停住车辆。

在下坡行驶中制动失灵，应尽可能地排减挡位，打开大灯和紧急信号灯，以警示其他车辆注意和避让，待行驶至平坦路段时将车辆停住。同时也应及时、巧妙地利用路边的天然障碍物停车脱险。

（2）突然爆胎

后胎爆破会使汽车尾部产生摇摆现象，但方向一般不会失控，这时可以反复轻踩刹车，慢慢地将车辆停下；前胎爆破则会造成汽车向破胎一侧跑偏，此时应双手用力控制住方向盘，并松开油门踏板，使汽车自行停下，千万不要急刹车，否则会加剧汽车跑偏。

（3）车辆侧滑

行驶中突然发生侧滑，如果是制动过猛而引起的侧滑，应立即松开制动踏板；如果是转弯横向力过大引起的侧滑，应松开油门踏板降低车速，朝侧滑一边迅速打方向盘，此时要注意道路条件和方向盘转动的幅度，以免汽车冲出路面。

（4）方向失控

在行驶中方向突然失控，司机应缓缓地踩下制动踏板停车，以避免发生车辆侧滑，导致事故。在脚、手制动的同时，还要尽可能地将方向盘打向有天然障碍物的地方，利用路边障碍停车脱险。

五、遇到踩踏事故这样办

为避免在发生踩踏事故时陷入危险境地，任何时候去人流密集的地方，都应当观察周围，记住出口的位置，提前在大脑中规划撤离方案。

遭遇踩踏事故，该如何自救?

阶段 1：初遇拥挤人群

当发觉拥挤的人群向着自己行走的方向涌来时，应该马上避到一旁，不要盲目奔跑，以免摔倒，也不要逆流前进。如果路边有商店、咖啡馆等可以暂时躲避的地方，可以暂避一时。如有可能，抓住一样坚固牢靠的东西，例如路灯柱等，待人群过去后，迅速而镇静地离开现场。切记，远离店铺的玻璃窗，以免因玻璃破碎而被扎伤。

阶段 2：陷入拥挤人群

遭遇拥挤的人流时，一定不要采用体位前倾或者低重心的姿势，即便鞋子被踩掉，也不要贸然弯腰提鞋。

若已经陷入拥挤人群，时刻保持警惕，要先稳住双脚，千万不能被绊倒。同时，微弯下腰，降低重心，低姿态前进，防止摔倒。

阶段3：混乱局面自保

如果人流量很大，但移动速度不快，可手握拳，右手握住左手手腕，双肘与双肩平行，放在胸前，形成牢固而稳定的三角保护区的姿势。肘部能够保护自己不被挤压，给心肺留出呼吸空间。

当发现有人情绪不对，或人群开始骚动时，就要做好准备保护好自己和他人。

当发现自己前面有人突然摔倒，要马上停下脚步，同时大声呼救，告知后面的人不要向前靠近。

如果身边同伴摔倒，立即把他拉起来。若自己被推倒，要设法靠近墙壁或人流移动方向的侧面。如果不能靠近墙壁，倒下时，一定要让身体保持弓形，尽量侧躺在地，两手十指交叉相扣，护住后脑和颈部；双膝尽量前屈，护住胸腔和腹腔的重要脏器；两肘向前，护住双侧太阳穴。

牢记自救“二十四字诀”：紧急侧卧，双手扣颈，护住头部，蜷缩成团，并腿收拢，全身紧绷。

阶段4：事故已经发生

及时联系外援，寻求帮助，赶快拨打110、999或120等，同时采取自救和互救措施。

如发现伤者呼吸、心跳停止时，要赶快做人工呼吸，辅之以胸外按压。

附录

一、应急救援电话

公安报警电话	110
消防火警电话	119
医疗急救电话	120
天气预报查询电话	12121
交通事故报警电话	122
公安短信报警号码	12110
安全生产举报投诉特服电话	12350
水上遇险求救电话	12395
森林火警电话	95119
火灾隐患举报投诉电话	96119
政府服务热线	12345

二、应急设施

应急避难场所：用于民众躲避火灾、爆炸、洪水、地震、疫情等重大突发公共事件的安全避难场所。一般来说，是可供应急避难或临时搭建帐篷和临时服务设施的空旷场地，通常位于社区广场、社区服务中心、公园、绿地、体育场等公共服务设施内。学校一般也会作为应急避难场所。

应急避难设施设备：一般包括应急避难休息、应急医疗救护、应急物资分发、应急管理、应急厕所、应急垃圾收集、应急供电、应急供水等各功能区和设施。

应急避难休息区：具有一定面积的平坦场地，可搭建帐篷和临时服务设施。

应急医疗救护区：用于对受伤人员的清理包扎、注射配药、等待转运等简单的医疗救护活动。

应急物资分发区：存放、分发救灾物资的区域。救灾物资主要有食物、饮用水、被褥及简单日用品等。

避难场地应急管理区：以现场应急指挥调度为主，确保现场各项救灾工作的有序开展。

各类设施：应急厕所、应急垃圾收集、应急供电、应急供水、应急广播和通信系统、消防设施等。

三、应急标识

常见应急避难标识：

避险处

紧急出口

可动火区

应急物资储备

应急医疗救护

应急避难场所

应急供电

应急供水

应急棚宿区

必须穿防护服

必须穿防护鞋

必须穿救生衣

必须戴安全帽

必须戴防尘口罩

必须戴防毒面具

必须戴防护帽

必须戴防护手套

必须戴防护眼镜

必须戴护耳器

必须加锁

必须系安全带

当心绊倒

当心爆炸

当心车辆

当心触电

当心磁场

当心低温

当心电缆

当心电离辐射

当心吊物

当心腐蚀

当心感染

当心高温表面

当心火车

当心火灾

当心坑洞

当心裂变物质

当心落水

当心落物

当心碰头

当心伤手

当心塌方

当心烫伤

当心微波

当心扎脚

当心中毒

当心坠落

注意安全

地上消火栓

地下消火栓

发声警报器

灭火设备

消防手动启动器

消防水泵接合器

禁止戴手套

禁止带火种

禁止堆放

禁止放易燃物

禁止合闸

消防水带

灭 火 器

禁止转动

禁止触摸

禁止靠近

禁止跨越

禁止攀登

禁止抛物

禁止入内

禁止跳下

禁止停留

禁止通行

禁止吸烟

禁止烟火

禁止饮用

禁止用水灭火

后记 HOUJI

近年来，面对各类灾害险情造成的生命财产损失，各级党委政府、社会各界要求和呼吁尽快普及防灾避险的知识与技能。为适应这些现实需求，我们组织编撰了这本《防灾避险应急手册》，主要介绍了暴雨、火灾、地震、冰雪、台风、雷电、泥石流、山体滑坡、危险化学品、居家出行等可能遇到的灾害险情及应对方法。在编撰时，力求做到简明简洁、实用好用。

国家应急管理部专家，山东省和济南市应急、地震、消防救援、气象预报等部门的领导和专家均提出了宝贵意见；山东省退役军人培训基地济南中心、山东金谷教育基地、飞鸿特战培训、华安检测、天时伟业文化产业、振邦安全、中安消防检测、大兵救援、顺溜文化传播等单位提供了实践成果。书中引用了部分网络和报刊的图文资料，为本书提供了直观的信息，在此表示诚挚感谢。防灾避险知识涉及多个领域且专业性较强，在编写的过程中力求做到通俗易于掌握，如有不妥之处，欢迎批评指正。

本书编写组